CAMBRIDGE LIBRARY COLLECTION

Books of enduring scholarly value

Earth Sciences

In the nineteenth century, geology emerged as a distinct academic discipline. It pointed the way towards the theory of evolution, as scientists including Gideon Mantell, Adam Sedgwick, Charles Lyell and Roderick Murchison began to use the evidence of minerals, rock formations and fossils to demonstrate that the earth was older by millions of years than the conventional, Bible-based wisdom had supposed. They argued convincingly that the climate, flora and fauna of the distant past could be deduced from geological evidence. Volcanic activity, the formation of mountains, and the action of glaciers and rivers, tides and ocean currents also became better understood. This series includes landmark publications by pioneers of the modern earth sciences, who advanced the scientific understanding of our planet and the processes by which it is constantly re-shaped.

Istoria dell'Incendio dell'Etna del Mese Maggio 1819

Mount Etna in Sicily is one of a small number of active volcanoes in the Mediterranean area, where written history survives from more than two millennia: its eruptions are therefore among the best documented in the world. This account of the eruption of 1819 was written by the chemist and vulcanologist Carmelo Maravigna, a professor at the University of Catania, who was commissioned by his colleagues to make scientific observations of the phenomena and to publish them in a clear and methodical format. Maravigna's book opens with the diary of his own observations from 27 May to 5 August 1819; it then describes the physical consequences of the eruption, including the spread and depth of lava flows, and discusses various theories of volcanic activity. The sixth chapter analyses the mineral deposits in the lava, and the last describes the volcano returned to its dormant state.

Cambridge University Press has long been a pioneer in the reissuing of out-of-print titles from its own backlist, producing digital reprints of books that are still sought after by scholars and students but could not be reprinted economically using traditional technology. The Cambridge Library Collection extends this activity to a wider range of books which are still of importance to researchers and professionals, either for the source material they contain, or as landmarks in the history of their academic discipline.

Drawing from the world-renowned collections in the Cambridge University Library, and guided by the advice of experts in each subject area, Cambridge University Press is using state-of-the-art scanning machines in its own Printing House to capture the content of each book selected for inclusion. The files are processed to give a consistently clear, crisp image, and the books finished to the high quality standard for which the Press is recognised around the world. The latest print-on-demand technology ensures that the books will remain available indefinitely, and that orders for single or multiple copies can quickly be supplied.

The Cambridge Library Collection will bring back to life books of enduring scholarly value (including out-of-copyright works originally issued by other publishers) across a wide range of disciplines in the humanities and social sciences and in science and technology.

Istoria
dell'Incendio dell'Etna
del Mese Maggio
1819

CARMELO MARAVIGNA

CAMBRIDGE UNIVERSITY PRESS

Cambridge, New York, Melbourne, Madrid, Cape Town,
Singapore, São Paolo, Delhi, Tokyo, Mexico City

Published in the United States of America by Cambridge University Press, New York

www.cambridge.org
Information on this title: www.cambridge.org/9781108028691

© in this compilation Cambridge University Press 2011

This edition first published 1819
This digitally printed version 2011

ISBN 978-1-108-02869-1 Paperback

ISTORIA

DELL'INCENDIO DELL'ETNA

DEL MESE MAGGIO 1819

D I

CARMELO MARAVIGNA

DOTT. DI LEGGI, PUBBLICO PROFESSORE E DIMO-
STRATORE DI CHIMICA GENERALE, E DI CHIMICA
FARMACEUTICA NELLA R. UNIVERSITA' DI CATA-
NIA; DELL'ACCADEMIA REALE DI MESSINA; AU-
TORE DELLE TAVOLE SINOTTICHE DELL'ETNA ec-

Omnia me quibus interfueram,
quæque statim cum maxima ve-
ra memorantur audieram, per-
secutum .
Plin. lib. 6. epist. 16.

CATANIA

DA' TORCHI DELLA R. UNIVERSITA'

FRANCESCO PASTORE tipografo

1819

INTRODUZIONE

~

L' Etna dalla maestosa eruzione del 27 Ottobre 1811 che si estese al giorno 31 Aprile del-
l'anno susseguente, sino al mese Ottobre del 1817
non avea presentato fenomeni degni dell'attenzione del filosofo osservatore: imperocchè dal
giorno dell'estinzione del mentovato incendio
sino al 31 Dicembre dell'anno istesso 1812 non
fece che fummicare dall'alto cratere per soli sei
giorni, fenomeno che replicò nell'anno susseguente 1813 per lo spazio di giorni 28, e dal
novello Monte S. Simone, formato nell'eruzione del 1811, per il tempo breve di giorni due.
In questo stato d'interrotta fumicazione mantennesi il Vulcano sino all'epoca cennata del
mese Ottobre 1817 non mostrando altro d'in-
teressante, salvo che la rovina di porzione interna del labbro del cratere superiore nella vora-
gine di esso successa nel giorno 13 Agosto 1816.

6

Fu nella notte del 18 Ottobre dell'anno 1817
che fecesi sentire nella suprema e mezzana regione del Monte un gagliardo tremuoto, che
molto sensibile si estese sino alla prima regione: fece questo avvenimento sospettare qualche
prossima eruzione del Vulcano, e sicuramente
credere che i suoi fuochi ritrovavansi in azion
calcolabile. Ciò non ostante il Vulcano proseguì
a mantenersi in calma perfetta, non mostrando
che poco fumo nel suo cratere per lo spazio
di giorni 22, che ricomparì ne'giorni 19 e 20
Febbraro dell'anno susseguente 1818. Il terribile
tremuoto in questo giorno avvenuto, tanto fatale agli abitanti della prima regione dell'Etna,
fece chiaramente conoscere i fuochi produttori
del tremuoto dell'anno scorso 1817 essere non
che estinti, ma più poderosi ed energici nella
loro azione. Desideravasi intanto da'conoscitori
delle cose geologiche che il Vulcano squarciato
si fosse in qualchèduno de'suoi fianchi o che
dal cratere si aprissero una via le gasose sostanze cagionatrici de'movimenti del suolo onde liberamente espandendosi di reagire cessas-
sero contro le pareti interne di esso, e quindi

sottrarci da nuovi pericoli (1). Ma il Vulcano, malgrado l'energia de'suoi fuochi interni manteneasi in pace perfetta: ne fumo vorticoso in forma di pino, nè muggiti sotterranei, nè parziali scosse annunziavano prossimo suo incendio. I tremuoti intanto proseguivano e non solo faceansi sentire dalle popolazioni abitanti le falde del Monte, ma interpolatamente nell' isola intera. Prova è questa chiarissima che il centro de' fuochi vulcanici non un luogo elevato del Monte occupava, come a mio credere non lo occupa giammai, ma le sue interne e profonde viscere (2). L'azione pero non interrotta di essi fuochi, generatori de summentovati tremuoti, agendo contro le pareti del focolare che li racchiudea e che loro erano di ostacolo pei mostrarsi al di fuori, giunse finalmente a fonderli, ed ampia strada aprironsi ai fianchi del Monte la notte del 27 Maggio di quest' anno 1819 (3).

Incaricato dalla Deputazione di questa Università degli Studj di osservare i fenomeni ed i prodotti di questo incendio, e di scriverne la storia, credei mio dovere accettarne l'inca-

8

rico, e mi uniformai alle sue mire (*): e dopo di
essermi replicate volte portato alla sorgente del-
l'incendio, studiato i suoi fenomeni ,. e le sostanze eruttate sono in grado di esporre in pubblico il risultamento delle mie osservazioni; le
quali affinchè fossero esposte con chiarezza e
con metodo, ho sezionato il mio lavoro in sette
Capitoli. Nel primo espongo il giornale dell'incendio. Il secondo tratta de'prodotti di questa
eruzione. Nel terzo parlo della teoria vulcanica
di Patrin, e vi aggiungo delle riflessioni critiche.

(*) *Deggio esternare i sentimenti della piu
profonda riconoscenza e gratitudine verso il degnissimo Cav. Camillo Moncada Fisco della Re-
gia Universita, non solo per la sua condiscen-
denza alla pubblicazione di questa memoria, per
l'impegno che dimostra nell'acquisto delle migliori
oltramontane macchine fisico-chimiche, e di ogni
altro oggetto che puo migliorare l'Universita, ma
viemaggiormente per le particolari obbligazioni
che gli professo, e per l'amicizia della quale mi
onora.*

Il quarto contiene alcune mie idee sulla causa
delle accensioni dell'Etna, e sulla formazione
delle lave. Nel quinto applico le idee conte-
nute nel capitolo antecedente a' vulcani ch'io
chiamo *idro-argillosi*, ed ai fuochi de' terreni
e delle fontane ardenti. Nel sesto, tratto della
origine delle varie sostanze minerali ritrovate
nelle lave dell'Etna, e de'sali da esso prodotti
in questa eruzione. Nel settimo finalmente fo
un cenno dello stato attuale del Vulcano.

b

C A P. I.

Giornale dell'Incendio.

Maggio 1819.

27   In alcuni luoghi della terza regione dell' Etna si sentì un mormorio
derivante dall'interno del monte, e
specialmente nella contrada di *Fared-
da* che durò sino alla notte: alle 5
d'Italia scoppiò un gagliardo tremuoto che si estese bastantemente sensibile
sino alle falde del Monte, e sensi-
bilissimo in Catania: immediatamente
il Vulcano si aprì in due luoghi di-
stinti: nella Sciara cioè del Filosofo
in vicinanza della Valle del Bue ove
formaronsi quattro crateri, tre de'quali eruttarono al momento immenso
fumo carico di scorie, arena, e ce-

Mag.1819 nere, che alzossi in forma di pino,
27   e che dopo prese la direzione Est:
nel tempo istesso eruttavano a grande altezza immensa quantità di lava pastosa, che solidificandosi in
masse globose di varia grandezza, ri-
cadevano o dentro o negli orli di essi
crateri: il quarto oltre del fumo erut-
tò un picciolo torrente di lava che
da lì a poco si arrestò. L'altro luogo
óve il monte si aprì è detto *Contrada di Giannicóla*, da cui venne eruttato del fumo poco carico di arena
e cenere, ed un grosso torrente di
lava che prese la direzione della valle
del nome stesso. Le sostanze volca-
niche trascinate dal fumo secondo la
diversità del loro peso specifico prin-
cipiarono a piombare in alcune contrade della seconda e della prima regione del monte. L'arena cadde nei
luoghi vicini all'eruzione, e giunse
sino al piano di Calanna, Zafarana,
Rocca delle Api ec. sebbene in que-

Mag.1819 ste due ultime contrade mischiata a frantumi di scorie. Le scorie furono trascinate piu lungi e giunsero nella contrada di Sarro, Fleri, Trecastagne, Viagrande, Aci S. Antonio, Aci Reale ed altrove. La cenere si estese più oltre, e la maggior parte andò a piombare nel mare, ed una picciola porzione arrivò sino al Villaggio S. Giovanni la Punta, e Battiati.

28   Il corso di lava proseguiva a scorrere rapidamente, e s'incamminò sul piano del Trifoglietto, e la sera giunse nel piano delli *Rivittóli* distante circa quattro miglia dalla sorgente. Proseguivano ancora i quattro crateri della Sciara del Filosofo ad eruttare immensa quantità di fumo con la solita arena, scorie e cenere, che seguirono a cadere ne' luoghi succennati.

29   La lava scorreva con minore rapidità, e si diresse verso la Valle del Cirrazzo che dopo riempì, e la sera giunse nella Calata del Cirrazzo in di•

Mag.1819 stanza di miglia $5\frac{1}{2}$ dalla sorgente.
Le quattro aperture della Sciara del
Filosofo si ridussero ad una sola per
la distruzione delle pareti interme-
die, e proseguì ad eruttare la solita
lava pastosa col fumo.

30   La lava prosiegue il suo corso molto
lentamente, e si dirige verso il piano di Calanna. L'apertura della Seia-
ra del Filosofo come jeri.

31   Tutto ritrovasi nella situazione antecedente.

Giugno 1819.
Il torrente di lava giunse la sera
nel piano di Calanna, ove bruciò
una possessione seminata di segale
propria d'Ignazio Coco di Zafarana,
ed ivi si fermò, alla distanza di circa
sei miglia dalla sorgente. Il getto di
lava ed arena del cratere della Sciara del Filosofo come jeri.

2 — 8   Il cratere di Giannicóla prosiegue
ad eruttare quantità immensa di lava

Giug. 1819 fluida, che rotola sulla lava de'giorni
scorsi, e giugne sino al piano del
Trifoglietto ove sembra solidificarsi,
sebbene l'interno del torrente deve
mantenersi fluido: perchè nella contrada del Cirrazzo la sua superficie
di quando in quando si fende, e l'interna fluida lava gli scorre sopra i
fianchi. Il resto come negli antecedenti giorni.

9 10   Il Vulcano riprende nuova attività
in tutti i crateri. I muggiti sotterranei sono terribili, e si odono da Catania. Il fumo ed il getto di lava
sono molto aumentati.

11   Prosiegue nell'accresciuta azione.
In questo giorno si aprì il monte in
due altri luoghi: un poco al di sopra
del cratere di Giannicóla, e mandó
del fumo con arena; ed in vicinanza dell'altro cratere della Sciara del
Filosofo, e propriamente un poco al
di sotto, da ove sboccò un picciolo
torrente di lava.

12   Prosiegue il tutto nella solita attività. Poca arena cade in Catania e
ne'luoghi vicini.

13 — 20   Il Vulcano si mantiene in medio-
cre attività. Il primo cratere di Giannicóla manda la solita lava, ed il
secondo prosiegue a fummicare. I due
crateri della Sciara del Filosofo man-
tengonsi in azione.

21   Il Vulcano acquista maggiore attività. La lava del piano del Trifoglietto sbocca nel luogo chiamato
Portella delle giumente, e va a precipitarsi nel sottoposto piano di Calanna.

22   I fragori e le scosse sono terribili.
La lava prosiegue ad essere eruttata
in molta quantità dal cratere di Giannicóla, e scorre nel piano del Trifoglietto, e da questo siegue a precipitarsi nel piano di Calanna. Il re-
stante come per il passato.

23 24   Il Vulcano non è molto attivo. Intanto la lava sboccata nel piano di

17

Giug. 1819 Calanna dalla Portella delle Giumente prosiegue a scorrervi.

25 La lava non corre più nel piano di Calanna, ma soltanto nel Trifoglietto. Il cratere della Sciara del Filosofo come ne'giorni antecedenti.

26 Il Vulcano principia a detonare gagliardamente dalla parte della Sciara del Filosofo, e manda immenso fumo ed arena, oltre della solita lava pastosa che getta in aere. Il fumo e l'arena s'indirizza al Sud-Ovest, dopo al Sud, e la notte giunse a Catania.

27 Prosiegue come jeri. L'arena cade in Catania e ne'luoghi vicini.

28 Prosiegue come nel giorno antecedente: soltanto si osserva precipitarsi un altro picciolo torrente di lava dalla Portella delle Giumente nel sottoposto piano di Calanna, e va a fermarsi un poco al di là della così detta Grotta del corvo.

29 30 I due piccioli crateri formati nel

c

Giug.1819giorno 11 si estinguono. Il gran cratere della Sciara del Filosofo è poco energico in relazione a'giorni scorsi. La torrente di Giannicóla è poco attiva, e la lava scorre solamente nella valle di Giannicóla, e nel piano del Trifoglietto.

Luglio 1819.

1 — 4   Prosiegue sempre degradando in azione (4).

5 — 11   Il cratere della Sciara del Filosofo manda soltanto del fumo, il quale non è più visibile da Catania. Quello di Giannicóla siegue ad eruttare la solita lava, ma sempre minorando in quantità, ed in energia. Il fumo prosiegue ad uscire da Giannicóla, e per mancanza di vento si agglomera sulla corrente di lava sino ad una certa altezza, ed in tempo di notte pare in combustione.

12 — 20   Di giorno in giorno l'incendio de-

Lug.1819 grada in azione, e pare vicino ad
estinguersi.

21 — 26 Come ne'giorni scorsi. Dall'apertura di Giannicóla il fumo esce come da un grosso fumajolo.

27 Pare che voglia riprendere un poco di energia, e le detonazioni si
fanno sentire sino a Catania. La corrente del Trifoglietto sbocca per la
terza volta nella Portella delle Giumente, e scende nel piano di Calanna
scorrendo sulla lava de'giorni scorsi.

28 Ritorna in calma.

29 30 Viemaggiormente l'incendio va di-
minuendo. Il cratere di Giannicóla
manda pochissimo fumo e pochissi-
ma lava, e quello della Sciara del
Filosofo caccia meno fumo di prima.

31 Come jeri.

Agosto 1819.

1 Sempre va degradando il getto di
lava. Il fumo della Sciara del Filosofo
viemaggiormente addiviene minore.

2   Il cratere di Giannicóla non manda più lava: l'altro come jeri.

3 4   La lava scorre lentissimamente nel Trifoglietto e nel piano di Calanna dalla parte della Portella delle Giumente: si argomenta che sebbene sembri estinto il cratere di Giannicóla, purnondimeno non lo sia che esternamente, ma che nel centro prosiegue la lava a scorrervi.

5   Il cratere di Giannicóla fummica leggermentè. La lava non più cammina nè sopra il Trifoglietto nè sul piano di Calanna: quello della Sciara del Filosofo non fa che fumicare: quindi l'incendio si può riguardare come estinto.

CAP. II.

De' prodotti di questo incendio.

Lave. La pasta delle lave di questo incendio è d'una grana piuttosto ordinaria che fina, nera, pesante, molto carica di ferro, alitata non manda odore argilloso, e battuta coll'acciarino dà del fuoco: appartiene quindi al Gen.I. della mia Classificazione delle lave (Vedi *Tavole Sinottiche dell'Etna* tav.x.). Sembra a primo aspetto omogenea: guardata però attentamente dà a vedere nel suo interno de' frammenti picciolissimi di feltspato, che tante volte rinviensi in lamine delicate rotonde del diametro di $\frac{1}{2}$ linea. In alcuni luoghi del torrente la lava oltre del feltspato dà a vedere la mica, quella stessa che Wallerio chiamò *mica ferrea*. Essa è in laminette picciolissime, osservabili con la sola esposizione a'raggi diretti del sole. Per lo più vi esiste formandovi degli strati di $\frac{1}{2}$ o di $\frac{1}{4}$ di linea, e volendosi rompere la lava, la rottura viene determinata nello strato micaceo. La pirossena è rarissima: fra tutte le lave da me esaminate due o tre pezzi di lava ho incontrato contenenti una sola pirossena per ogni uno, ma nello stato di alterazione. Il peridotto è del pari molto raro, e non l'ho veduto che in pochi pezzi di lava: quindi il feltspato e la mica sono le principali sostanze minerali primitive, che esistono nella lava di questa eruzione.

LAVE SCORIACEE. Della stessa natura in quanto alla composizione. Esse sono molto pesanti, e rassomigliano piuttosto alla lava porosa di quanto alle vere scorie delle altre eruzioni. Non se ne rinvengono che pochissime di quelle porose, cellulari, leggiere, e che alcuni inesperti osservatori hanno creduto e descritto come pomici.

Le lave di cui abbiamo parlato intere ed intatte ritrovansi nella corrente: non così osservansi in alcune fumajole, e specialmente quelle del cratere della Sciara del Filosofo: colà l'azione del gas acido ossisolforoso ed ossisolforico, e forse l'acido idro-clorico vi ha prodotto

un principio di decomposizione nell'esterno delle lave per cui la loro corteccia rinviensi bian-
ca, e friabile : alitata dà dell'odore argilloso,
ed attaccasi leggermente alla lingua, in poche
parole presenta tutti i caratteri di transizione
allo stato di ossido di alluminio (5) ; ma questa
alterazione osservasi molto più inoltrata, anzi
perfetta in molte lave compatte, ed in alquante
scorie del cratere succennato della Sciara del
Filosofo : ivi entro le lave prima durissime e
nere sonosi ridotte allo stato di perfetta bian-
chezza o giallognole, e leggiere quasi da pareg-
giar la pomice ; e le scorie specialmente per il
colore e per la leggierezza potrebbero indùrre in
errore un osservatore poco versato nello studio
de' prodotti dell' Etna .

SCORIE *eruttate al momento dell' incendio.*
Sono esse in riguardo alla natura della pasta
come le lave su descritte ; ma di somma leg-
gerezza dotate, per cui furono spinte sino alla
distanza di 15 miglia dal cratere ignivomo. Se
ne rinvengono di varia grandezza, dal diametro di un pollice sino a quello di poche linee,
e viemaggiormente degradando si riducono in

una specie di grossa arena, di un peso specifico però molto minore della vera arena che cadde ne'contorni de'nuovi crateri (vedi cap. 1.) Guardate attentamente mostrano nella superficie una specie di vernice che meglio si osserva colla lente, specialmente quando si espongono all' azione de' raggi solari; e così vedute sembrano piuttosto smaltate. Non si può distinguere nè il feltspato nè la mica.

ARENA. L'arena piombata nel giorno 28 Maggio al d'intorno de' nuovi crateri è molto pesante, ruvidissima al tatto, nera: può considerarsi come la lava del torrente ridotta in piccioli frammenti. Vi si vede la mica; ma il feltspato è alteratissimo. L' arena poi piombata in Catania la sera del 12 ed il giorno 27 Giugno è molto più fina della precedente, e vi si vede la sola mica; sebbene quella del giorno 12 è molto più delicata dell'altra.

CENERE. La cenere caduta poco dopo l'incendio alli Battiati e alla Punta è del colore istesso dell'arena, ma d'una delicatezza estrema. Vi si vede la mica, ma il feltspato non puole osservarsi.

SALI. I prodotti salini di questo incendio
sono: l'ossisolfato di alluminio: l'ossisolfato di
deutossido di sodio: l'ossisolfato di ferro: l'i-
dro-clorato di ammoniaca bianco puro, oppure
alterato dall'ossido di ferro, e quindi colorato
in giallo. Io gli ho ritrovato attaccati alle pareti delle fumajole della corrente di lava ; ma
in maggior quantità rinvenivansi nel cratere
della Sciara del Filosofo : quì i pezzi di lava
che cuoprono il fondo di questo cratere erano
quasi tutti intonacati di queste sostanze saline,
oltre dello zolfo che del pari ivi rinvenivasi.

d

C A P. III.

Esposizione della teoria vulcanica di Patrin.
Riflessioni critiche sulla stessa.

Pria ch' io vada ad esporre le mie idee sulla causa delle accensioni dell' Etna, e quindi degli altri vulcani, e sulla formazione delle sostanze da esso prodotte, credo necessario il gettare un colpo d'occhio sulla teoria di Patrin che ha sedotto i migliori geologi, ed è stata con varie modificazioni da uomini sommi abbracciata. Essa gettò i suoi fondamenti sulle rovine dell'altra ch' io chiamo di Lemery, perchè a questo chimico siam debitori della prima sperienza che rese plausibile la spiega dei fenomeni vulcanici dedotta dalla combustione de' solfuri metallici nell' interno della terra, e che in seguito fu meglio sostenuta dalle scoverte della nuova chimica sulla composizione

dell'acqua . Ma a costo de'progressi della chimica,
e con tutte le risorse suggerite dal genio de'geologi partigiani di quella teoria, e con tutta l'a-
zione del carbon fossile e del petrolio chiamato
in soccorso delle accensioni vulcaniche, restavano
a vincersi insuperabili difficoltà, e specialmente
questa, di non vedersi, cioè, bruciare incommensurabili estesissimi ammassi di solfuri metallici
bagnati di acqua, e nelle opportune circostanze
posti per infiammarsi. Vi sono inoltre nelle vulcaniche accensioni de' fenomeni che non possono spiegarsi ricorrendo alla sola lenta azione
de' solfuri metallici sopra dell'acqua : imperocchè dimandano per essere bene intesi e spiegati, l'azione d'un agente energico, e che in
poco tempo sia capace di produrre poderosi e
subitanei effetti : tali sono i tremuoti improv-
visi, e da nessun fenomeno annunziati, le re-
pentine eruzioni, le intermittenze negli incendj
seguite da fuochi sempre crescenti in energia,
e tanti altri fenomeni de'quali impossibile riesce
dar conto ricorrendo alla lenta azion de'solfuri sopra dell'acqua, con tutto il carbon fossile od altro bitume che voglia chiamarsi in

soccorso per ispiegarli. Ma la teoria di Patrin
ha essa risposto a queste difficoltà? È essa ba-
sata sopra fatti meglio veduti, sopra dimostra-
zioni bene stabilite : almeno è essa uniforme
a'principj della Chimica moderna, e quando
non altro è essa un' ipotesi verosimile? ecco
l'oggetto di questa discussione: io quindi farò
vedere, pria di esporre le mie idee su questo
assunto, che la teoria del naturalista francese
non solo non risponde a quelle difficoltà, ma
ch'essa è in molti articoli contraria alle verità
le più inconcusse della Chimica, e che riguar-
data ancor come inotesi non dee ammettersi.

La prima idea che Patrin espone si è di
riguardare i corpi planetarj come masse attive
e dotate d'una sorta di organizzazione che loro
è propria ; e siccome tutti gli esseri organizzati
sono animati da una circolazione di fluidi, che
si modificano per diverse combinazioni, secondo gli organi che li segregano, deesi del pari
ragionare per i corpi planetarj e per conseguenza del globo terrestre. In seguito il nostro
autore richiama al pensiere che la corteccia della terra è formata di strati schistosi primitivi

che cuoprono gli strati di granito, e che quest'ultimo si estende sino ad una profondità sconosciuta ove ritrovasi un nodo più compatto.
Gli schisti primitivi sono composti di foglie
che da principio furono parallele alla superficie della terra, e che lo sono tuttora fra loro
stesse, qualunque sia la loro attuale situazione: questi strati schistosi furono rotti per la
causa generale che formò le montagne primitive. A costo però delle parziali fratture essi
si estendono dalle montagne continentali sino
al fondo del mare ove formano delle montagne della stessa natura. Or egli è in questi schisti che si apparecchiano gli alimenti de'vulcani
e le inesauste sostanze ch'essi vomitano: sono
esse il prodotto d'una combinazione chimica
de'diversi fluidi gasosi che dall'atmosfera circo-
lano nella corteccia della terra; ed il luogo
ove si opera questo assorbimento di sostanze
gasose è propriamente la frattura degli strati
schistosi.

L'acido muriatico (dice Patrin) secondo
Fourcroy, sembra essere libero alla superficie
del mare, ed in effetto vi si forma: pare dun-

que ch'essendo più pesante dell'acqua, una porzione almeno possa giugnere sino agli strati schistosi, specialmente quando si trovano a poca
profondità: ma in qualunque caso l'acido solforico contenuto negli schisti puo decomporre
i muriati siano alcalini o terrosi, ed operarsene
in seguito l'assorbimento. Introdotto così l'acido muriatico negli schisti, vi spoglia del loro
ossigeno gli ossidi metallici, e si riduce in acido muriatico sopra-ossigenato, nell'atto che
nuovo ossigeno gli ossidi metallici assorbono
dall'atmosfera per mezzo dell'acqua, che vengono la seconda volta decomposti da nuovo
acido muriatico, e così successivamente.

Quest'acido muriatico sopra-ossigenato com-
presso dalla sovrastante colonna di acqua, o
attirato dagli schisti che fanno l'ufficio di tubi
capillari, si dilata e si propaga in lontane re-
gioni. Così camminando incontra da ogni dove i solfuri di ferro di cui abbondano gli schisti: egli li decompone con violenza, per cui
producesi sviluppo di calorico, formazione di
acido solforico, e decomposizione di acqua per
mezzo del carbone. Una porzione d'idrogeno

di quest'acqua si combina con il carbonio ed
un poco di ossigeno, e forma dell'olio; l'acido solforico si combina con quest'olio, e forma del petrolio : l'altra porzione d'idrogeno
è infiammata per l'azione di nuovo gas muriatico sopra-ossigenato : il petrolio ridotto in gas
s'infiamma egualmente, e l'incendio principia.
Ma questi fuochi, prosiegue l'autore, si estin-
guerebbero al momento se il più potente degli
agenti non raddoppiasse la loro attività : questo agente è il fluido elettrico, che viene colà
attirato dall'atmosfera per mezzo del ferro, e
degli altri metalli contenuti negli schisti. Esso
ivi prova delle scariche moltiplicate, e rinnova
l'infiammazione dell'idrogeno e degli altri gas,
che non cessano di svolgersi per la reazione
reciproca degli agenti diversi.

Ecco dunque esposto il modo come gene-
ransi il fuoco e le fiamme vulcaniche : ma ove
sono i materiali delle lave ? L'autore ritrova
questi materiali negli stessi fluidi che formano
l'incendio; e principia col ricercare l'origine
dello zolfo sì abbondante ne' vulcani Lo zolfo, secondo le sue idee, non è che fluido elet-

trico concreto; ed il fosforo non ne è che una
modificazione, cioè zolfo combinato con altra
sostanza, che forse è la luce. Dall' odore poi
di fosforo che esala il fluido elettrico, e dal
potere che possiede quest ultimo di bruciare
l'idrogeno, l'autore conchiude della presenza
del fosforo nel fluido elettrico. Ammettendo il
fosforo in questo fluido gli attribuisce la proprietà di fissare l'ossigeno ed altri gas sotto forma solida, perchè il fosforo ha il potere di
assorbire l'ossigeno nello stato maggiore di so-
lidità. » Una osservazione di Humboldt, dice
» l'Autore, viene ad appoggiare la mia opinio-
» ne: egli ha riconosciuto che le pioggie elet-
» triche contengono della terra calcarea (An-
» nales de Chimie tom. 27. pag. 143). Or questa
» terra non potrebbe essere come la pioggia
» elettrica stessa che una sostanza formata in-
» teramente da una operazione dovuta all'esplo-
» sione della folgore.

Questa osservazione, Patrin l'applica alle
spiega dell' origine della terra calcare delle lave, e alla formazione della calce carbonata che
il Vesuvio suol vomitare, e quindi la riguarde
e

come il prodotto della solidificazione dell'ossigeno e dell'azoto che si svolgono dal Vulcano nel tempo della eruzione: ed ecco così spiegata la formazione della calce. In riguardo alle altre terre ch'entrano nella formazione delle lave pensa ch'esse si debbono considerare, secondo le idee di Lavoisier e di Humboldt, come degli ossidi metallici di sconosciuta base. Intanto inclina a credere che questa base sia formata di fosforo e di un principio metallico emanato dal sole, come meglio si dirà in seguito: e la combinazione dell'ossigeno e di questo radicale composto forma tutte le terre conosciute e quelle che in seguito si scopriranno.

Per ciò poi che riguarda l'origine dell'ossigeno necessario per la formazione delle sostanze vomitate da'vulcani esso trovasi in situazione di servire agli usi de'vulcani sottomarini come un prodotto della decomposizione dell'acqua effettuata dalle scariche del fluido elettrico e dalla combustione del petrolio: ed i vulcani che hanno il loro cratere in contatto dell'atmosfera lo tirano dall'aere, da' vapori acquei, e dal gas acido muriatico sopra-ossigenato.

Ma come spiegare l'origine del ferro contenuto nelle lave? Il geologo francese ricorre
qui alla ipotesi di Laplace sull'origine del nostro pianeta, che questo astronomo suppose essere un prodotto di emanazioni solari. Or questo fluido che solidificato formò il globo terrestre fu sicuramente un fluido metallico : e se
desso fu una volta emanato dal sole in quantità sì grande, esister dee tutt'ora qualche leg-
giera emanazione di simil natura : questo fluido
dunque viene assorbito dagli schisti, ed ivi genera il ferro ch'essi contengono, come del pari
quello delle lave: è desso ancora che concorre
unito al fosforo a fissare l'ossigeno sotto forma
terrosa. Vedi *Hist. naturelle des mineraux* par
E. M. L. Patrin tom. v. pag 192, e seg. *Nou-*
veau Dictionn. d' Hist. naturelle art. *Volcans.*

Così esposta la teoria di Patrin, se pure
merita un tal nome un ammasso d'ipotesi as-
surde e di gratuite supposizioni, create secondo il capriccio od il bisogno dell'autore, an-
corchè il solo annunzio di essa potrebbe tenere
il luogo di confutazione, mi fo lecito esporre
alcuni miei pensieri sulla stessa ; ed affinchè

36

la discussione non riesca lunga e quindi no-
josa come lo sarebbe volendosi partitamente
abbattere, mi limiterò a confutarne gli articoli
principali che ne formano per dir così la base. Essi articoli sono:

1. L'esistenza pretesa dell'acido idro-clorico
(muriatico) libero nelle acque del mare perchè ivi formato, oppure decomposto dai muriati
per mezzo dell'ossisolforico degli schisti, e che
poi viene dagli stessi assorbito.

2. La sopraossigenazione dell'acido muriatico per mezzo degli ossidi contenuti negli schisti, o per meglio dire la sua decomposizione
e riduzione in cloro mercè l'unione del suo
idrogeno coll'ossigeno degli ossidi.

3. L'azione del cloro (acido muriatico os-
sigenato) sopra i solfuri di ferro degli schisti,
per cui avviene la loro decomposizione e la
evoluzione del calorico.

4. L'azione del fluido elettrico attirato dai
metalli contenuti negli schisti, che determina
e rinnova la combustione de' gas.

5. La natura del fluido elettrico, in cui si
ammette la presenza del fosforo.

6. L'origine dello zolfo ch'esso considera come un prodotto della solidificazione dell'elettrico.

7. La composizione delle terre ch'entrane nella formazione delle lave, ch'esso riguarda composte; la calce di ossigeno ed azoto, e le altre di fosforo, di principio metallico, e di ossigeno.

8. L'origine del ferro creduto un prodotto dell'antica primitiva emanazione del sole, che in parte tuttora esiste.

1. L'esistenza dell'acido idro-clorico nelle acque del mare è interamente ipotetica, perchè nessuna sperienza ve lo ha dimostrato: ch esso ivi si formi è pura conghiettura appoggiata alla presenza degli idro-clorati nelle acque del mare; e Fourcroy, da Patrin citato, altro non dice ,, ch'esso *sembra* formarsi perpetuamente nelle acque del mare ,, *Systeme* ec. tom. 2. pag. 102. Or da questa possibile formazione conchiuderne la esistenza reale, e stabilire su questa possibilità la base di un sistema non mi pare uniforme alle regole d'una sana filosofia. La decomposizione poi degl'idro-clorati non e

poggiata bene : imperocchè supposto per agente
di questa decomposizione l'ossisolforico degli
schisti, non avrebbe finalmente dovuto tutto l'ossido ivi contenuto ridursi in ossisolfato di soda
o di altra base, a formare uno strato inattivo
incapace di produrre ulterior decomposizione
di idro-clorati? Ma si ammetta questa decomposizione : l'acido idro-clorico, però, perchè,
quando ritrovasi libero ed in forma gasosa dee
mantenersi aderente agli schisti ed essere dagli
stessi assorbito, e non piuttosto ubbidendo alla
legge del peso specifico traversare gli strati del-
l'acqua, con essa combinarsi in parte, ed il re-
stante andare ad unirsi con l'aere atmosferico?

2. La decomposizione dell'acido idro-clorico (ossigenazione dell'acido muriatico) per
mezzo degli ossidi di ferro contenuti negli schisti è interamente una supposizione contraria
a tutti i principj della chimica. Il ferro ch'essi
contengono è nello stato di puro protossido,
incapace di servire ad una tale decomposizione : l'acqua infatti s'impiega alla protossida-
zione del ferro, ed essa resta decomposta ce-
dendo al metallo il suo ossigeno, lo che dimo-

stra che l'affinità di questo principio è maggiore ad una bassa temperatura verso del metallo di quanto col suo idrogeno: come dunque l'idrogeno potrebbe togliere l'ossigeno ai protossidi di ferro degli schisti? Inoltre, ridotto in cloro l'acido idro-clorico, si dice, viene assorbito dagli schisti: si conceda questo preteso assorbimento; ma nessuna porzione di questo cloro dovrebbe combinarsi coll'acqua? nessuna porzione svolgersi in istato gasoso e farsi vedere nella superficie del mare? or chi de'chimici lo ha ritrovalo nelle acque del mare, o nella sua superficie nell'atto di svolgersi in forma gasosa?

3. L'azione del cloro sopra i solfuri degli schisti e la combustione che la siegue è un'altra ipotesi a cui l'autore viene trascinato dalle antecedenti supposizioni. Si conceda questa decomposizione de'solfuri, e questo svolgimento del calorico, e questa susseguente combustione: ma quello che non può spiegarsi si è la necessità di eseguirsi questa combustione ne'vulcani, quando l'assorbimento fassi nell'interno del mare: dunque la decomposizione de'solfuri e l'in-

cendio dovrebbe verificarsi in quel luogo stesso ove l'azion succede fra il cloro ed i solfuri metallici.

4. Qual necessità di ricorrere all'azione dei metalli degli schisti per attrarre l'elettrico onde bruciare i pretesi gas vulcanici? L'elettrico circola incessantemente dall'atmosfera nella terra o nel mare, e da questo nel sottoposto suolo. Ma sia dagli schisti tirato l'elettrico: pare che la riflessione antecedente calzi bene ancor quì; non puossi infatti obbiettare: perchè la combustione seguir dee nel cratere vulcanico, quand'anzi negli schisti stessi dovrebbe verificarsi, nè rumorosa nè energica accadere, dovendo ivi il fluido elettrico circolante bruciare i gas come vengono di mano in mano assorbiti, ed ivi per conseguenza fiamme e lave prodursi, nè mai dall'interno della terra o dal profondo del mare incommensurabili vulcani vedersi innalzare?

5. Le specolazioni riguardanti la natura dell'elettrico sono dell'intutto originali, e la pretesa esistenza del fosforo è veramente nuova. Il solfo non è che elettrico solido, il fosforo

una modificazione dello zolfo; frattanto il fosforo esiste nel fluido elettrico: non sono queste, tutte parole incomprensibili, e tratti d'immaginazione da far compiangere la debolezza dello spirito umano? Ma si lascino da parte queste riflessioni: io dimando, come puossi stabilire l'esistenza del fosforo nell'elettrico? forse per mezzo dell'odore come pretende Patrin? ed il solo odore si reputa carattere sufficiente per ammettervelo? È forse impossibile che il solo elettrico possa agendo su i nervi dell'olfatto eccitarvi una impressione analoga a quella che vi eccita il fosforo? Non meno specioso è l'altro argomento : il fosforo sciolto nell'idrogeno fa che quest'ultimo spontaneamente bruci, l'elettrico brucia l'idrogeno in contatto con l'ossigeno, dunque l'elettrico riduce il semplice idrogeno nello stato d'idrogeno fosforato, ed è per questa ragione che lo fa bruciare dentro circolandovi. Sono queste ipotesi non solamente false ed inutili per i progressi della scienza, ma nocivi, perchè tendono a mettere sossopra i principj e le leggi le più sacrosante della chimica. Lasciando di richiamare allo spirito la

f

4a

vera azione dell'elettrico nella produzione di questo fenomeno perchè ben nota ancor agl'iniziati nelle fisiche dottrine, io solamente fo riflettere che il risultato della combustione del gas idrogeno perfosforato è acqua ed ossifosforico, quando il risultato di quella del gas idrogeno coll'elettrico è pura acqua, mentre ancor quest'ultima combustione, essendo vera la supposizione di Patrin, dovrebbe dare ed acqua ed ossifosforico.

6. È inutile ch'io mi trattenga a dimostrare la falsità dell'ipotesi sulla natura dello zolfo considerato da Patrin come fluido elettrico solidificato, stantechè sì strana supposizione non ha potuto nè potrà sedurre nessun fisico: basta infatti paragonare i caratteri dell'elettrico con quelli dello zolfo per conoscere la immensa distanza che li segrega. Inoltre, se per poco una tale supposizione si giudicasse ammissibile, quale assurda ipotesi potrebbe rigettarsi dalla chimica? non si avrebbe egualmente il diritto di sostenere che l'oro è luce concreta, l'argento azoto solido, l'idrogeno carbonio gasificato?

7. La falsità della composizione delle terre

secondo le idee di Patrin è già dimostrata dalle
sperienze di Davy: si sa che questo chimico ha
provato ch'esse non risultano nè da combinazione di azoto e di ossigeno, nè da altre simili
sostanze fra loro unite, ma che esse sono veri
ossidi metallici fra di loro differenti per il dif-
ferente metallo che unito coll'ossigeno li forma. E s'è così, come non può dubitarsene,
le lave non sono un prodotto della combustione de'gas vulcanici: dunque non sono gli schisti del mare che decompongono i muriati, non
sono gli schisti che attraggono i gas dall'atmosfera e li mandano sino a'vulcani, non sono
questi gas che bruciando formano le lave ec.

8. La base ove il nostro autore poggia la
sua congettura sull'origine del ferro è una ipotesi: Laplace suppone che la terra fu formata
da un fluido emanato dal sole, e questa supposizione non ha più peso di quelle di Whi-
ston, Woodward, Buffon; su di questa supposizione Patrin v'innalza sopra un'altra supposizione; che questo fluido fu di natura metallica; e sopra questa supposizione un'altra; che
questo fluido metallico prosiegue tutt'ora ad eg-

sere emanato dal sole; e poi un'altra: ch'esso
viene assorbito dagli strati schistosi, e vi forma il ferro che contengono, e quello delle lave.
Si vede quindi facilmente, che tutto questo ra-
ziocinio non è che una congerie di supposizioni
gratuite, e di congetture inverosimili, e che la
miglior confutazione consiste nel rilegarle nella
regione dell'obblio.

C A P. IV.

Idee dell'Autore sulla causa delle accensioni
dell'Etna, dei Vulcani in generale,
e sulla formazione delle lave.
Risposta ad alcune obbiezioni.

Nell'antecedente capitolo ho cennato le ragioni che poco soddisfacente esser dimostrano
la teoria de'fuochi vulcanici dedotta dall'azione
reciproca de'solfuri di ferro e dell'acqua.
Pare realmente che la grandiosità de'fenomeni
che presentano l'Etna, e gli altri vulcani, e la
rapidità con cui si eseguono dimandino un'agente
più poderoso ed energico di quanto i solfuri
e l'acqua lo sono. Egli non è ch'io voglia mettere in dubbio l'influenza, anzi la indispensa-
bile necessità dell'acqua per alimentare i fuochi
vulcanici, e per promuovere i loro incendi:
imperocchè, lasciando da parte tante altre con-

siderazioni, la sola osservazione che dal seno
del mare essi hanno la loro origine, od in
luoghi ad esso vicini esistono, è sufficiente a
provarla : è soltanto sull'agente analitico di questo fluido necessario per la produzione ed accensione de' vulcani, che i miei dubbj si rag-
girano. Sembra che la immensa quantità di
fiamme che s'innalzano da' vulcani, derivate
nella maggior parte dalla combustione del gas
idrogeno, indichi che nell' interno della terra
il chimico agente che si appropria l'ossigeno
dell'acqua, e ne lascia a nudo l'idrogeno sia
di tal natura da promuoverla con somma rapidità, meglio di come la vediamo decomposta nelle nostre sperienze unendo l'ossisolforico
allungato con la limatura di ferro. Or questo
agente il chimico lo possiede, e lo ha del grado di forza desiato, ne' metalli delle così dette
sostanze terrose ed alcaline, che ottiene deos-
sidandole per mezzo dell'elettrico. Io quindi
inclinerei a pensare che nell' interno della terra
ed in profondità ove tutt'ora industria umana
non è giunta, esistono il silicio, l'alluminio
il calcio, ed il magnesio, e che sono essi che

operano la ricercata rapida decomposizione del-
l'acqua, dalla quale derivano in seguito tutti
gli etnei fenomeni. Che questi metalli delle
terre possono esistere nello stato di purezza
nell' interno della terra quando in situazione di
ossidi nella sua superficie e sino ad una certa
profondità ritrovansi, ce lo suggeriscono le proprietà di cui sono dotati: imperocchè, la loro
tendenza a combinarsi con l'ossigeno atmosferico e con quello dell'acqua fece sì ch'essi si
siano ossidati sin dal principio della formazione delle cose, e specialmente al momento che
l'atmosfera e l'acqua formaronsi. L'ossidazione
essendo penetrata sino ad una certa profondità
al di dentro della massa metallica le servì in
seguito di corteccia, la difese dall'azione ulteriore
degli ossidanti, e nello stato di purezza con-
servolla. Questo grandioso ammasso di metalli
silicio, alluminio, calcio, magnesio, che forma il nocciolo del globo, nello stato d'integrità
mantennesi sino a tanto che l'acqua non vi si
aprì una via: ma ivi penetrata dopo lungo
tratto di secoli, e posta in loro contatto restò
al momento decomposta dall'azione de'metalli

sull'ossigeno, per cui libero ne rimase l'idrogeno. Questo incontro fortuito avvenuto in
epoche molto posteriori alla formazione della
nostra terra, diè la nascita all'Etna ed ai primi
vulcani, come dà tutt'ora origine a' nuovi che
di quando in quando si fanno vedere inaspet-
tatamente nella superficie della terra, o nel mezzo dell'oceano.

Egli è ancora molto probabile che la corteccia della terra, formata come si sa di ossidi
metallici; e che, secondo il mio sentimento,
cuopre i metalli delle terre, contenga dentro
di se de'depositi degli stessi metalli, preservati
dalla generale ossidazione, e distaccati dal nocciolo centrale, e che quivi si verifichi la decomposizione dell'acqua, che dà origine a' vulcani ed a' loro fenomeni.

Operata la decomposizione dell'acqua da'succennati metalli, l'idrogeno che se ne svolge,
in virtù del suo nativo elaterio da per ogni dove si espande, e se nel suo cammino resistenza
non incontra, non ne segue nessun fenomeno:
non così però accade se racchiuso nelle viscere
della terra, al suo libero muovimento ostacoli

vi si oppongono: è allora che da per ogni dove il suolo agitando, produce il tremuoto, ed a guisa d'impetuoso vento circolar s'intende negli antri di sotterra: è così che i vulcani generano de' terribili tremuoti senza loro particolare incendio, come avvenne nel terremoto del 1783 tanto fatale alla Sicilia ed alla Calabria, in cui l'Etna che ne fu il motore, mantennesi in perfetto silenzio. Intanto nuovo gas si svolge dalla decomposizione dell'acqua sulla massa metallica, ed esso sempre nuova compression soffre, vieppiù aumentata dall'elasticità delle sue molecole: giunta però la compressione sino ad un certo segno, e mescolato ritrovandosi il gas idrogeno con l'acre atmosferico, che sin colà dentro penetra, si accende generando nuovi e più energici muovimenti nel suolo: che se questi gas bruciando racchiusi ritrovansi in piccioli spazj, il muovimento allora che ne segue a delle picciole distanze si estende, ed i tremuoti parziali genera: se però nelle incommensurabili cavità sotterranee raccolti esistono, allora i terremoti generali produconsi, che a delle immense distanze fannosi sentire:

g

così l'Etna, il Vesuvio ed i Vulcani dell'Islanda sono stati sempre i fabbri principali de' tremuoti che hanno capovolto l'intiera Europa.

Si è da' fisici chiamato in soccorso l'elettrico per rendere ragione della combustione del gas idrogeno di sotterra, e si è detto ch'esso circolandovi dentro ne produce la combustione, come noi ne' nostri apparecchi il veggiamo bruciare con l'azione della scintilla elettrica. Ma qual bisogno di ricorrere quì all'elettrico quando la compressione, che del pari è un mezzo energico per promuovere le azioni reciproche dell'idrogeno con l'ossigeno, è sufficiente per rendere ragione di un tal fenomeno? Egli è vero che in alcune accensioni vulcaniche, fenomeni decisivamente elettrici si sono fatti vedere; ma quì l'elettrico non deve considerarsi come produttore dell'accensione del gas idrogeno, ma come un prodotto dell'unione di questo gas col gas termossigeno, come lo sono il termico e la luce che contemporaneamente si svolgono.

Operata in questo modo la combustione de' due succennati gas, il termico che se ne svol-

ge opera la fusione di quegli ossidi che nello
stato metallico produssero la decomposizione
dell'acqua: intanto una porzione di questo li-
quido dall'azione del termico è costretta a vo-
latilizzarsi, e l'azione riunita del gas idrogeno
che prosiegue a svolgersi e del vapore acqueo,
squarciano il suolo soprapposto, trascinan seco
in aere porzione di ossidi già fusi, e quindi
il Vulcano vedesi spuntare dalla superficie della
terra, oppure, già formato, nuova eruzion
produrre.

Le lave quindi non sono che gli ossidi di
silicio, di alluminio, di calcio e di magnesio fusi
dall'azione de' fuochi vulcanici, ossia dal termico svolto nella combustione de' gas idrogeno
e termossigeno : e siccome i metalli di questi
ossidi possono esistere ne' varj depositi in dose
varia, così si concepisce bene la origine della
varia quantità de' varj ossidi che formano le lave
delle varie eruzioni, e tante volte della eruzione
stessa. Si sono quindi molto discostati dal vero
quei naturalisti che hanno considerato le lave
come il risultato della fusione di rocce primitive, ed erronea la classificazione di esse lave

tirata dalla roccia che ne forma la base. Io
non nego che le lave diano a vedere nella loro
pasta una rassomiglianza con alcune rocce di
origine non vulcanica; ma questo non dimostra ch'esse sieno delle rocce fuse, prova soltanto che il mezzo impiegato dalla natura nella
formazione delle rocce primitive fu quello istesso ch'essa impiega per la formazione delle lave,
l'azione cioè del termico, e non mai quella
dell'acqua.(5). Egli è possibile ancora che alcune rocce si fondono in virtù dell'azione di
questo agente, ma bisogna esser persuasi che
la massa principale che forma le lave risulta
dalla fusione degli anzidetti ossidi, e che nel
caso di fusione di rocce primitive, in tal modo le loro molecole deggiono confondersi ed
unirsi con quelle degli altri ossidi metallici,
quanto impossibil riesce l'assegnare il genere a
cui esse rocce, prima della fusione, apparte-
nevano.

Lo zolfo è stato considerato da molti naturalisti come il primo motore de' fuochi dell'Etna e di tutti gli altri vulcani. Io lo considere
come un agente di secondaria influenza, e cre-

do che la sua azione si dispiega nel tempo della
combustione del gas idrogeno. Non è esso che
unito al ferro opera la decomposizione dell'acqua, ma esso animato dall'azione del termico
esercita le sue affinità sull'ossigeno, addiviene
gas ossisolforoso, e così contribuisce alla generazione de' muovimenti del suolo, allo sprigio-
namento del termico, e forma gli ossisolfati di
deutossido di sodio, e di alluminio, che dopo
l'incendio tante volte rinvengonsi nel cratere
o nelle pareti de' fumajoli. Ciò però che non
può mettersi in dubbio si è che lo zolfo, sebbene di secondaria influenza, purnondimeno
la ha esercitato e la esercita in tutti i vulcani
del mondo.

Il gas acido idro-clorico non ha esercitato
nè può esercitare nessuna influenza nella formazione de' vulcani, e nella produzione de' loro
fenomeni. È vero ch'esso rinviensi fra i gas
dall'Etna eruttati; è vero che ritrovansi degli
idro-clorati fra i suoi prodotti, ma è vero altresì che il primo deriva dalla decomposizione
degli idro-clorati che le acque del mare vi por-
tano, o che rinvengonsi nell'interno della ter-

ra, e i secondi dalla sublimazione degli stessi idro-clorati.

Il carbon fossile ed il petrolio, non so il perchè, sono stati creduti non che esercitare influenza nella produzione de' fuochi di sotter- ra, ma come degli agenti principali sono stati annunziati, e molte inverosimili supposizioni sono state spacciate per rendere ragione del- l'origine del petrolio considerato come alimento di essi fuochi. A me pare che vulcani ignivomi possono esistere senza bitumi, e che se talvolta vi si rinvengono, lo è per un puro accidente.

Pria ch' io metta termine a questo capitolo mi sembra necessario di rispondere a due ob- biezioni che potrebbero farsi alla teoria da me esposta, e che sono state fatte a tutte quelle che hanno supposto le lave essere generate dalla fusione de' minerali racchiusi nelle viscere della terra. « Fra le innumerabili difficoltà, dice Patrin, che presenta un tal sistema, ve ne so- no due sopra tutte che lo rendono interamente improbabile ; cioè 1. il ritorno periodico dei parossismi vulcanici, 2. la massa incalcolabile delle loro ejezioni. »

In riguardo alla prima obbiezione, che fa
tanto peso a Patrin, mi sembra che il ritorno
de' parossismi vulcanici non è legato a nessun
periodo come pretende questo scrittore . Per
quello poi che riguarda il solo ritorno di essi
parossismi, chi non vede che sono dovuti al-
l'incontro dell'acqua in un nuovo deposito di
metalli terrosi, e che ridotti essi nello stato di
ossidi, ed operata in seguito la di loro con-
versione in lava, l'incendio dee terminare, ed
un altro effettuarsene al nuovo incontro dell'acqua in un novello deposito? Anzi mi sembra
che la intermittenza de' fuochi vulcanici, e l'accesso de' loro parossismi è nel sistema di Patrin che non può ricevere una soddisfacente
spiegazione: imperocchè essendo continuo, secondo questo scrittore, l'assorbimento de' gas
operato dagli schisti, perpetuo del pari esser
dovrebbe l'incendio ne' vulcani.

La seconda difficoltà è quella che realmente
parve insormontabile a Patrin, e fu essa che
lo indusse ad architettare la sua teoria vulcanica da me nell'antecedente capitolo esposta.
Nel rispondere a questa difficoltà io farò no-

tare in primo luogo, che Patrin preterir potea
di riprodurla tostochè essa era stata valorosa-
mente abbattuta dal sommo Borelli nella sua
Storia dell'Eruzione dell'Etna dell'anno 1669 al-
l'occasione di confutare la opinione di quelli
che sostenevano le lave e le altre sostanze da'vulcani eruttate non essere un prodotto de'materiali racchiusi nelle viscere del monte, ma generate di nuovo come dalla torra vediamo prodursi i minerali ed i vegetabili. E qui mi sia
permesso il notare che da questo luogo del Borelli facilmente si scuopre che l'idea fondamen-
tale della teoria di Patrin rimonta ad un'epoca
molto antica (*). Le ragioni poi da Borelli ad-

(*) « *Non defuere tum antiqui, cum recentio-*
res, qui vellent Aetnam nè minimum quidem con-
sumi, ac diminui, licet vastam illam molem vi-
trificatam fluidam, arenosamque è suis fornaci-
bus omni oevo magna copia effaderit. Profiten-
turque, vel ex aqua maris inferne communicata
saxeas illas moles fieri, generatique de nova,
non secus, ac plantae et mineralia ex terra vi-
demus produci, exurgere, et magnam molem cor-
poream solidam acquirere. » Op. cit. cap. xvi.

dotte doveano tanto più andare a genio dello scrittore francese per quanto esso si mostra appassionato sostenitore del sentimento del filosofo italiano circa l'esistenza superficiale de'fuochi vulcanici. Il lettore potrà consultare su questo articolo il cap. xvi. della citata Storia dell'eruzione dell'anno 1669.

Inoltre, esistendo i fuochi vulcanici molto al di sotto del piano d'onde le montagne ignivome s'innalzano, e da esse molto lontani esser potendo (vedi nota 2.), meraviglia non è che l'Etna e le altre simili avessero potuto eruttare immensa quantità di sostanze lapidee senza che siensi precipitate nelle caverne sotterranee, che non deggiono necessariamente sotto di esse esistere, ma in luoghi remoti, ove i depositi esistevano de' metalli terrosi, che generarono le lave: e quindi in essi luoghi dee verificarsi l'abbassamento del suolo, e colà abissarsi deggiono le soprapposte montagne o città. Di simili profondamenti ne abbiamo esempj notabilissimi presso gli antichi scrittori, e qualcheduno de'nostri tempi. Nei tremuoti del 1783 la *piana* così detta *di Calabria*, secondo rapporta Dolo-

h

mieu, si abbasso considerabilmente: quella *piana* cioè che parve la sede della causa produt-
trice de' tremuoti. « Campi interi, dice questo
gran naturalista, si sono abbassati considerabilmente al di sotto del loro 'primo livello, senza
che quelli che li circondano, abbiano sofferto
lo stesso cangiamento, ed han formato così una
specie di bacini incavati, com'è quello al di
sopra di Castelnuovo: altri campi si sono in-
clinati. Fessure, e crepacci han traversato in
tutte le direzioni rialti e costiere. S'incontrano
fenditure ad ogni passo ne' vasti oliveti fra Po-
listena e Sinopoli. Porzioni considerabili di
terreni coperti di vigne e di olivi si distacca-
rono per la pe dita della loro aderenza late-
rale, e si colcarono in una sola massa nel fondo
delle valli, descrivendo archi di circolo, che
hanno avuto per raggio l'altezza della rupe; ap-
punto come un libro posto di taglio che cade
di piatto. » ec (*Memoria sopra i tremuoti della
Calabria nell'anno* 1783). Plinio, l'antico padre
della storia naturale, cne ne sapea quanto se
ne polea sapere ne' tempi in cui visse, ce ne
rapporta degli esempj notabilissimi: ecco le sue

59

parole: « Ipsa se comest terra: devoravit Cy-
» botum altissimum montem, cum oppido Cu-
» rite: Sipylum in Magnesia: et prius in eo-
» dem loco clarissimam urbem, quæ Tantalis
» vocabatur. Galanis et Gamales urbium in
» Phænice agros cum ipsis: Phegium Ethiopiæ
» jugum excelsissimum: tamquam non infida
» grassarentur et litora. — Pyrrham et Antis-
» sam circa Mœotim Pontus, abstulit: Elicen
» et Buram in sinu Corinthio, quarum in alto
» vestigia apparent. Ex insula Cea amplius tri-
» ginta millia passuum abrupta subito cum plu-
» rimis mortalium rapuit. Et in Sicilia dimi-
» diam Tyndaride Urbem, ac quidquid ab Ita-
» lia deest. Similiter in Bæotia et Eleusina »
(*Histor.Natur.* lib.2.cap 91. e 92.) Strabone nel
lib. 1. della sua Geografia sull' autorità di De-
metrio Calatiano ci racconta de'simili fenomeni, e quello che più c'interessa, prodotti dal-
l'azione del tremuoto: « Demetrius porrò Ca-
» latianus terræmotus qui ab antiquis tempori-
» bus per Græciam totam acciderunt, enume-
» rans, Lichadum insularum et Cenæi multas
» partes demersas narrat, et thermas quæ sunt

» Ædepsi atque in Thermopylis per triduum
» retentas, rursum fluxisse, ita quidem ut Æ-
» depsanæ aliis eruperint fontibus. » È dunque
falso quanto ha scritto Patrin, che, « i tremuoti hanno distrutto delle Città, facendone
crollare gli edifizj per mezzo di commozioni
passaggiere, ma terminata la crisi, il suolo si
è ritrovato allo stesso livello, e della stessa so-
lidità di prima » (*Diction. d' Hist. Natur.* art.
Volcans).

CAP. V.

Applicazione dell'antecedente teoria a'vulcani gas
idro-argillosi, ed a'fuochi de'terreni
e delle fontane ardenti.

Le idee esposte nell'antecedente capitolo nel-
l'atto che rendono piena ragione de'vulcani
gas idro-argillosi ricevono da essi una confer-
ma intera.

Io chiamo col nome di *vulcani gas idro-ar-*
gillosi quelli stessi che Dolomieu disse *Vulcani*
d'aere, e Patrin *melmosi*, ed alcuni di essi *Salse*
sono stati volgarmente appellati. Sembrami che
il nome da me adottato serva meglio degli altri
ad esprimere le principali sostanze da essi vomitate che nel gas idrogeno ed in una spezie di
argilla riduconsi. Sono vulcani gas idro-argillosi
le Macalubbe esistenti nella nostra isola vicino
Girgenti, le salse di Monteggibbio nel Modo-

nese, le salse di Querzuola vicino Reggio, e
quelle della penisola di Kertcke e dell'Isola di
Taman nella parte orientale della Crimea descritte da Pallas.

Egli mi sembra che in questi piccioli vulcani voglia la natura interamente svelarci le
molle secrete ch'essa impiega ne'vulcani ignivomi I prodotti di essi, come io cennai, sono
il gas idrogeno e l'argilla inzuppata di acqua.
Quest'argilla però non è puro ossido di alluminio come potrebbesi a primo aspetto giudi-
care, ma, secondo Spallanzani che l'analizzò,
contiene gli ossidi di silicio, di alluminio, di
calcio, di ferro con poco ossido di magnesio,
le stesse sostanze che formano le lave. Volendosi, dunque, spiegare l'origine del gas infiammabile e degli ossidi che ne sono eruttati, non
è egli ragionevole il credere che quivi abbia
luogo quanto ne'vulcani ignivomi verificasi?
Non è egli evidente, per quanto esser lo possono delle operazioni naturali che si eseguono
tanto lungi da noi, che il gas che se ne svolge derivi dalla decomposizione dell'acqua sopra i metalli delle terre, che già ridotti in os-

sidi, e combinati con porzione di acqua rima-
sta indecomposta vengono trascinati dalla corrente del gas infiammabile? Ed in vero, con-
frontando la teoria più plausibile che su questi
fenomeni è stata sin'ora pubblicata, con quella
ch'io sostengo, si vedrà al momento che la seconda è molto più probabile della prima: imperocchè è forse più verosimile il credere, che
il gas idrogeno quivi prodotto derivi dalle sostanze vegetabili sepolte sotterra (Volta: *Opere*
tom. 3. pag. 3o6), o piuttosto dalla decomposizione dell'acqua su i cennati metalli tanto avidi
di ossigeno, specialmente ch'essi poi nello stato
di ossidi si fanno vedere insieme con l'acqua
e col gas idrogeno? Si rifletta inoltre che i fenomeni attuali delle Macalubbe sono quelli stessi
che ci rapportano Strabone e Solino, e tali
quali a'loro tempi esistevano. Com'è, dunque, credibile che sostanze vegetabili abbiano
potuto per tanto tempo emanare tanta quantità di gas idrogeno, e tutt'ora svolgerne senza
che si fossero distrutte?

Un'altra prova di questa teoria deducesi
lall'osservarsi, questi vulcani, come del pari i

terreni ardenti, più energici nella loro azione
addivenire, e specialmente nella emanazione
del gas infiammabile, in tempi piovosi, e negli allagamenti portativi dalle pioggie (Volta:
Opere tom. 3. pag.296 e 307. Bottoni: *Pyrolo-
gia Topographica* pag. 229).

Ma potrà obbiettarsi: i vulcani gas idro-argillosi essendo prodotti da quelle stesse sostanze
che generano gl'ignivomi, perchè ignivomi essi
non addivennero? A questa difficoltà io rispon-
do colla ispezione topografica degli uni e degli
altri. I vulcani ignivomi hanno per loro sede,
come noi antecedentemente abbiamo osservato,
il mare o luoghi allo stesso vicini: i gas idro-
argillosi all' incontro esistono in luoghi me-
diterranei ove l'acqua del mare non può avervi
accesso, e soltanto dalle acque piovane o da
piccoli ruscelli che sotterra si aprono un cammino possono essere alimentati: quindi poca
la dose di acqua da decomporsi, poca la dose
dell'idrogeno che se ne svolge, e quindi insuf-
ficiente la pressione per ridurlo alla combustione: prova ne è che alcune volte in tempi
di gagliardo parossismo in luogo di gas, vere

fiamme sonosi vedute da essi eruttare (Volta
Opere tom 3. pag. 3o8); ma incapaci sempre
di fondere gli ossidi e convertirli in lave.

I fenomeni delle così dette *fontane* e *terreni ardenti*, come di Pietra-Mala, Vellèja,
Barigazzo ed altri, derivano dalle stesse cause,
e dalle medesime chimiche azioni. La sola differenza che questi presentano si è di non eruttare col gas idrogeno degli ossidi metallici come i vulcani gas idro-argillosi. Ma questa diversità non indica differenza essenziale fra gli
uni e gli altri, ma che soltanto la situazione
locale ove le azioni chimiche di quelli hanno
luogo non permette che le interne sostanze uscis-
sero al di fuori, cosa che in più modi può
avvenire, e forse perchè in qualche interna cavità esse vanno a piombare.

i

CAP. VI.

Origine delle sostanze minerali racchiuse nelle lave dell'Etna, e de'sali che si rinvennero nel cratere o nella corrente di lava terminato l'incendio.

La pasta delle lave Etnee rare volte ritrovasi omogenea, priva cioè di quei minerali che ordinariamente ritrovansi sparsi nel suo interno; come la pirossena, i peridotti, il feltspato, la mica; e noi abbiamo veduto che questi due minerali accompagnano le lave di questa eruzione. Ma d'onde provengono questi minerali? Se le lave risultano dalla fusione degli ossidi de' metalli delle terre, come vi si rinvengono queste sostanze straniere? Sono esse il risultato della cristallizzazione delle molecole stesse della lava, ossia sono esse generate dal Vulcano, o vi esistevano prima dell'azione de' suoi fuochi?

Queste due opinioni hanno diviso i moderni mineralogi, e sommi uomini si sono innalzati come difensori dell' una e dell'altra. Alla testa di quelli che la prima sostengono, Patrin si è voluto segnalare, e con argomenti sommamente atti a sedurre ha cercato di provare che i vulcani sono realmente i generatori di esse sostanze minerali incorporate nella pasta delle lave, al segno di avere dichiarato che il nome *Pirosseno* dal celebre Hauy dato all *Augite* di Werner contiene un *controsenso*.

La più grande obbiezione che siasi fatta al sistema che ammette come primitive le succennate sostanze minerali, è la loro somma fusibilità che non dovrebbe permettere che intatte restassero all' azione de' fuochi vulcanici. Ma questa obbiezione dimostra essa l' impossibilità della cosa, o la limitazione delle nostre conoscenze, quando spezialmente fatti evidentissimi ci dimostrano l' impossibilità di essere questi minerali un prodotto de' vulcani? Inoltre, chi sa quanto la compressione ha del potere nel modificare gli effetti del termico? Noi siamo interamente all' oscuro de' grandiosi fenomeni

che la natura esegue nell'interno della terra;
ed essa forse, con la modificazione degli stessi
mezzi che impiega nelle altre più visibili operazioni giugne qui a de' resultati che ci fanno
sospettare l'impiego di agenti molto dagli usati
differenti. Ma egli non è su di questa possibilità ch'io pretendo sostenere l'origine primitiva di questi minerali, ma sopra di una osservazione costante e di sommo peso.

Se i minerali di cui ci occupiamo si ritro-
vassero soltanto nell'interno della lava dopo
il raffreddamento della corrente, vi sarebbe da
dubitar molto sulla loro origine primitiva, e
ragionevolmente si potrebbe conghietturare colà
dentro essersi formati mercè una spezie di cristallizzazione delle sue molecole; ma tostocchè
non le sole lave dell'Etna (e così dicasi degli
altri vulcani) ma le scorie, le arene, e sin la
cenere sua, e la lava pastosa che in aere i nuovi
crateri soglion cacciare, contengono delle pirossene, del feltspato, della mica, de' peridotti
più o meno alterati, come è possibile non ri-
conoscere l'origine loro primitiva? come credere ch'essi siensi formati nell'atto che la lava

veniva con violenza cruttata dal cratere ignivomo e nel tempo di tanta agitazione? Di piu:
l'Etna nella terribile eruzione del 1669 in cui
si formo il monte bicorne chiamato Monti Rossi,
vomito un'immensa quantità di pirossene, alcune ben cristallizzate ed intatte che ricaddero
più da vicino al nuovo cratere, ed altre nello
stato di alterazione che andarono a piombare
un poco più lungi. Or chi non riconosce in
questo fatto l'origine primitiva di questo minerale molto anteriore a'fuochi etnei, tostochè è
stato eruttato bello e cristallizzato dal cratere
vulcanico, ove l'agitazione delle materie fuse
non potea permettere l'unione simmetrica delle
molecole che lo formano?

Nè a me dà peso alcuno l'analisi dell'amfigena fatta da Vaucquelin, dalla quale risulta
ch'essa contiene gli stessi principj della lava
ove rinviensi racchiusa, meno l'ossido di ferro
contenuto nella sola lava: imperciocchè, questo difetto di ossido di ferro è per me una prova della diversa natura de'due minerali. Nè
vale quanto Patrin asserisce, che l'amfigena
« non è altra cosa che la materia la più pura

della lava, che acquistando una forma cristal-
lina, ha rigettato l'ossido di ferro che le era
estraneo » : dapoicchè per qual ragione esclu-
dere quest'ossido di ferro e riguardarlo come
estraneo in un minerale formato dall'unione di
altri ossidi egualmente metallici, quando poi
secondo confessa lo stesso Patrin, e l'analisi
dimostra, le pirossene che secondo questo scrittore si formano nella stessa lava, non lo esclu-
dono, anzi formandosi se ne appropriano una
dose più grande di quanto la lava stessa ne
contiene?

Io quindi sono di parere che l'origine di
questi minerali rimonta ad un'epoca anteriore
alla formazione dell'Etna, e degli altri vulcani,
e che le lave digia formate e fuse incontran-
doli nell'interno della terra seco li trascinano
più o meno alterandoli a proporzione della varia azione del termico, e che la compressione
che soffrono nell'interno della terra influisce
molto nel difenderli dall'azione di questo agente.

Per quello poi che riguarda le sostanze saline di questa eruzione ritrovate nelle pareti
interne de'fumajoli, e nel cratere della Sciara

del Filosofo, è facile il rendere ragione dell'origine e formazione della maggior parte di esse.
L' ossisolfato di alluminio è prodotto dall'azione dell'ossisolforico sull'allumina delle lave : l'ossisolfato di deutossido di sodio deriva proba-
bilmente dall'unione dell'ossisolforico colla soda del sal marino delle acque del mare, che
penetrano sino al focolare vulcanico : l'ossisolfato di ferro è un prodotto dell'ossigenazione
dello zolfo de'solfuri di ferro, e della susseguente unione dell'ossico col metallo ivi contenuto. Ma come spiegare la formazione dell'i-
dro clorato di ammoniaca? per ciò che appartiene all'origine dell'acido idro-clorico esso potrebbe derivare dalla decomposizione degli idro-
clorati dell'acqua del mare : ma d'onde pro-
viene l'ammoniaca? forse bisogna supporre delle
sostanze animali ammucchiate nelle viscere del
Monte, come alcuni naturalisti vi hanno am-
messo delle immense foreste colà dentro sotter-
rate, alle quali hanno poi attribuito la formazione del carbon fossile e degli altri bitumi
pretesi alimentatori de'suoi fuochi? Certo che
una tal conghiettura non che azzardosa, ma co-

me interamente erronea rigetterebbesi. Bisogna
dunque credere piuttosto che l'ammoniaca ven-
ghi formata dentro le viscere del Vulcano dal-
l'unione del gas septono col gas idrogeno. È
vero che la Chimica non conosce questo pro-
cesso di diretta unione de succennati gas che
al momento ossia nell'atto che svolgonsi dalle
sostanze che li producono, e non mai quando
ritrovansi digià formati: ma la natura ha delle
risorse che noi interamente ignoriamo, ed essa
colà giù esegue delle analisi e delle sintesi con
mezzi che le appartengono esclusivamente, e
degne della grandezza e della onnipotenza sua.

CAP. VII.

Dello stato attuale dell'Etna (*).

Il sommo cratere dell'Etna durante questo incendio non ha mostrato cosa alcuna di particolare, e si è fatto vedere in tanta calma come se alcun fenomeno non si fosse operato ne'suoi fianchi. Prova è questa molto evidente (mi sia permesso il cennarlo quì alla sfuggita) che non mai unico è il focolare vulcanico ed identico in tutte le accensioni, ma diverso sempre, ed in diversi luoghi esistente nelle diverse sue eruzioni: cosa che rende molto dimostrativa la mia teoria de'varj depositi de'metalli terrosi riguar-

---

(*) *L'autore scrivea questo Capitolo nel giorno 19 Agosto di quest'anno 1819.*

dati come focolari vulcanici, esposta nel capit. IV. di questa Istoria. Ciò non ostante i tremuoti e le scosse frequenti da questo incendio
prodotte hanno logorato non poco il Vulcano,
e molti devastamenti hanno cagionato in varie
parti della sua massa colossale. Una ben larga
fenditura scende dalla sommità orientale del
bicorne, penetra nell'interno del cratere e si
innoltra sino alla base. Un'altra se ne osserva
nel piano così detto del Lago, ed in molti luoghi della Cisterna delle considerevoli lesioni vi
si fanno vedere.

L'interno del cratere mostra al fondo due
molto grandi bacini: uno diretto all'Est, e l'altro all'Ovest: nel primo vi esistono due focolari eruttanti del fumo, che osservansi diretti
uno verso il Nord e l'altro al Sud (*).

_____

(*) *Queste notizie dello stato del sommo cra-
ter dell'Etna le debbo al degnissimo, e della
Chimica ottimo cultore, un tempo mio alunno,
ed ora amico sommo, Principino Sperlinga Man-
ganelli, che lo visitò nel giorno 4 del corrente
mese Agosto.*

Il cratere della Sciara del Filosofo formato
in questo incendio non può chiamarsi estinto
nel senso rigoroso della parola. Il suo interno
del diametro di un quarto di miglio circa, presenta nelle sue pareti degli oggetti interessan-
tissimi pel naturalista osservatore. I pezzi iso-
lati di lava di varia forma che colà ritrovansi,
oltre di essere coverti di sostanze saline, da me
descritte nel Capit. II. sono colorati dagli ossidi di ferro e dallo zolfo cristallizzato, e vi
formano una tapezzeria vario-colorata la più
seducente, in cui specialmente vi domina il
giallo e l'arancio, e che supera in bellezza qualunque descrizione. Questo spettacolo viene au-
mentato dalla ispezione della maggior parte delle
lave: esse ritrovansi o in decomposizione inci-
piente, o digià compiuta, per cui giallognole
o bianche sono addivenute. Finalmente i fumma-
joli che s'innalzano da' varj punti di questo cratere pongono il suggello alle meraviglie dell'at-
tonito osservatore.

Nel lato orientale di esso cratere un'altro
ve n'esiste con forma d'imbuto, nel di cui fon-

do, del diametro di palmi dieci circa, si scuopre la fluida lava, che da'gas vulcanici che ancora ivi innalzansi non può essere sollevata più in alto, ed a guisa di metallo semi-fluido sembra colà dentro rotolarsi.

La lava di questo incendio, descritta per ciò che riguarda la sua composizione nel Cap. II. ritrovasi ancor calda non che nel suo centro, ma nella superficie stessa; avendo immerso il termometro R. alla profondità di palmi due nel torrente sboccato dalla Portella delle Giumente nel piano di Calanna nel dì 28 Giugno s'innalzò immediatamente a gr. 55, e più oltre sarebbe asceso se con più alta scala fosse stato costrutto (*); ed io credo che i gradi 80 superava quel calorico sulla ragione che l'acqua ivi gettata al momento videsi trasformata in vapore. Posto poi il termometro in contatto della superficie della lava sboccata nello stesso

(*) Questa osservazione è del giorno 17 Agosto, un mese e 26 giorni dopo di essere stata la lava eruttata dal Vulcano.

piano nel giorno 21 Giugno al momento segnò
gradi 45 + o, e tanto grande era il calore
che colà sentivasi che la mano più oltre reg-
gere non potè, e fui costretto ritirarne l'istru-
mento (7).

NOTE

(1) *Dall'esposto sin qui vedesi esser mia in-*
tenzione il sostenere che a' soli fuochi dell'Etna
deggiono attribuirsi i tremuoti dell'anno 1817 ed
i susseguenti: or quanto qui sostengo per i tre-
muoti della Sicilia di questi due anni dovrebbe
estendersi a' tremuoti in generale in qualunque
epoca ed in qualunque parte del globo avvenuti,
non considerandoli che come un prodotto dell'a-
zione de' fuochi vulcanici. Sembrami infatti, che
dalle più accurate ricerche geologiche fatte dai
migliori naturalisti e dalle scoverte della Chimi-
ca moderna, dovrebbe stabilirsi come canone ir-
refragabile di essere unica la causa generatrice
de tremuoti, l'azione cioè de' fuochi vulcanici, con-
siderati come produttori delle sostanze gasose, e
specialmente dell'idrogeno, ed assolutamente ban-
dirsi qualunque altra spiegazione ipotetica tirata
dalla circolazione del fluido elettrico nel suolo
racchiuso. Le prove su delle quali poggia la teo-
ria ch'io sostengo sono la esistenza di numerosi
ed energici vulcani in ogni parte del globo, e la

l

inseparabile unione delle vulcaniche eruzioni e
de'tremuoti che ordinariamente quelle precedono.

Ed in riguardo al primo genere di prove io
rammento che nella sola Europa si possono con-
tare 27 Vulcani in azione, oltre dell'Etna, del
Vesuvio e dell'Ecla ben conosciuti per la grandiosità de'loro fenomeni: non calcolando neppure i vulcani semi-estinti ed i vulcani gas idro-
argillosi, che non pertanto non possono influire
nella generazione de' movimenti del suolo. Nel-
l'Asia poi il numero de' monti ignivomi e copio-
sissimo: de'bene osservati se ne contano almeno
sessanta, fra i quali attivissimo è il monte Al-
bours, il vulcano dell isola di Ternate, quello
dell'isola di Giava, ed i quattro formidabili vulcani di Sumatra, uno de'quali, cioè Ophir,
vuolsi più elevato dell'Etna in 3564 piedi, e gli
altri tre, dicesi, che uguagliano il Siculo Vulcano. L'Africa del pari ha i suoi: tali sono il
Pico di Teneriffa, il vulcano dell'isola del Fuoco
una delle isole del Capo-Verde, quello dell'isola
di Borbone, e la montagna oppure caverna Be-
niguazeval come la chiama Buffon. L'America
finalmente supera tutte le altre parti del globo,

non che per il numero ma viemaggiormente per la energia de'suoi vulcani. *Tutte* le sue coste occidentali, come dice *Patrin*, sono disseminate di vulcani: le isole *Antille* sono tutte di origine vulcanica, e vi si trovano ancora molti vulcani in azione: nella terra del fuoco ve ne sono due ma grandiosi: sedici al *Chili*, sedici nella provincia di Quito: da venticinque a trenta nelle coste occidentali del *Messico*: quattro o cinque nella *California*, e tanti e tanti altri che qui superfluo sarebbe il rammentare.

Or se i vulcani ritrovansi sparsi in numero sì grande nella superficie del globo, s'egli è vero, come non può dubitarsene, che immensa quantità di sostanze gasose ed acquei vapori dal loro interno sviluppansi, nel periodo specialmente di loro massima azione, se del pari è certo che i gas ed i vapori allorquando racchiusi ritrovansi ed ostacoli gagliardi alla loro espansione incontrano, somma ed incalcolabil forza dispiegano onde vincerli, se del pari è certissimo che il gas idrogeno, dai vulcani in quantità immensa dal loro viscere svolto, bruciando coll'aere atmosferico che colà dentro ritrovasi attivissimo addi-

viene, e capace di superar qualunque ostacolo : se finalmente la sede de' fuochi vulcanici esiste molto al di sotto del piano ove i vulcani ritrovansi (vedi nota 2.): se tutto cio e vero, qual bisogno vi e di ricorrere a cause fittizie, interamente ipoteti-che per spiegare i movimenti della terra ?

Per quello poi che il secondo genere di prove riguarda, basterebbe quì l'enumerar le eruzioni de' principali vulcani del mondo precedute ed ac-compagnate sempre da formidabili tremuoti: e per venire al vulcano a noi più vicino potrei ram-mentare il terribile tremuoto prodotto dall' eru-zione dell'anno 1. della Olimpiade 96, e dall'eru-zione dell'anno 1169 che fece crollare Catania, Lentini e porzione di Siracusa, ed i tremuoti ga-gliardi prodotti dalle eruzioni dell'anno 1185, 1323, 1329, 1536, 1669, ed i tremuoti formi-dabili del 1693 che distrussero 60 villaggi e città, e fra queste Catania colla perdita di 15000 per-sone. Ed in riguardo a' tremuoti di quest' anno giova moltissimo osservare che ogni calcolabil tre-muoto accompagnato veniva da nuovo aumento de' fuochi dell'Etna, in modo che la causa pro-duttrice del tremuoto immediatamente dal susse-

85

guente incendio dimostravasi (*Dominiei Bottoni*:
De immani Trinacriæ terræmotu. Messanæ 1718
pag. 18, 78, 92).

*Mu fatti di maggiore rilievo l'interesse della
discussione qui mi obbliga addurre per interamente provare che i fuochi sotterranei, sieno in
communicazione coll aere atmosferico, o non lo
sieno ancora, ed il periodo di loro energica azione e legato col muovimento del suolo, per così
stabilire una teoria indipendente dall'intutto da
elettriche influenze, e da altre simili immagina-
rie specolazioni. Essi fatti trovansi raccolti dal
sempre celebre Conte di Buffon nel tomo 2. della
sua Teoria della terra.*

*Nella Storia delle conquiste delle Molucche t 3.
pag.* 315 *si legge quanto siegue*: « L'an 1643
» la montagne de l'isle de Machian se fendit avec
» bruits et un fracas épouventables, par un ter-
» rible tremblement de terre, accident qui est fort
» ordinaire en ces pays-là, il sortit tant de feux
» par cette fente, qu'ils consumerent plusieurs ne-
» greries avec les habitans et tout ce qui y etoit. »
*Nella Storia dell'Accademia delle Scienze an-
no* 1702 *pag.*11 *l'istorico dell'Accademia facendo*

l'estratto della relazione, da Maraldi comunicata all'Accademia, de' tremuoti accaduti in Italia nel 1702 e 1703 dice: « *Une montagne qui est* » *pris de* Sigillo, *Bourg eloigne de l'Aquila de* » *22 milles, avoit sur son sommet une plaine as-* » *sez grande environnée de rochers, qui lui ser-* » *voient comme de murailles. Depuis le tremble-* » *ment du 2 fevrier il s'est fait a la place de* » *cette plaine un gouffre de largeur inégale dont* » *le plus grand diamétre est de 25 toises et le* » *moindre de 20. On n'a pú en trouver le fond,* » *quoqu'on ait ete jusqu'a 300 toises. Dans le* » *temps que se fit cette ouverture, on en vit sor-* » *tir des flammes, et en suite une tres-grosse* » *fumée, qui dura 3 jours avec quelques inter-* » *ruptions.* « *Ma i fatti d'un' interesse partico-* lare, e che provano dall'intutto la teoria che so- stengo li dobbiamo a Plinio ed a Strabone. Ec- co come parla quel sommo naturalista nel libro 2. cap. 83. della sua Storia naturale.* « Factum est » *semel* (quod equidem in Etruscae disciplinae » *vo uminibus inveni*) *ingens terrarum portentum* « *Lucio Marco Sex. Julio Coss. in agro muti-* » *nensi. Namque montes duo inter se concurre-*

» runt crepitu maximo adsultantes, recedentesque,
» inter eos flamma fumoque in coelum exeunte
» interdiu, spectante è via Emilia magna equi-
» tum Romanorum, familiarumque multitudine »
Il rapporto poi di Strabone sembrami provar meglio la dipendenza de' tremuoti da' fuochi vulcanici non solo per la grande osservazione che non
cesso di muoversi il suolo pria che effettuata non
si fosse una eruzione, ma ancora perche il tremuoto di cui parla, e che cesso con una eruzione, fu un tremuoto che si fece contemporaneamente sentire a grandi distanze. Ecco come ne
parla Strabone: « In Phœnicia scribit Pesidonius
» terrae motu facto, urbem absorptam fuisse su-
» pra Sidonem sitam, ipsiusque Sidonis corruisse
» fere bessem, non confertim tamen, eoque non
» magnam hominum cladem accidisse. Id autem
» mali totam Syriam, mediocriter tamen, per-
» vasit, et attigit insulas quasdam de Cycladi-
» bus. Et in Euboea ita se exeruit, ut fontes
» Arethusae, quae in Chalcide est, obturati fue-
» rint, qui fons multis post diebus alia erupit
» scaturigine: neque ante desiit insula per par-
» tes concuti, quam hiatus terræ in Lelanto

» campo apertus fluvium luti igniti evomuit. »
Geograph. *lib.* 1. *pag.* 58. *Lutet. Paris.* 1620.

Alla teoria che vengo di esporre si potrebbe
obbiettare, che difficile riesce il concepire la pro-
duzione de' tremuoti così detti generali, ossiene
quelli che nel tempo istesso si fanno sentire in una
grande estensione di terreno come sarebbero i
tremuoti che contemporaneamente hanno scoppiato
in Inghilterra, in Francia, in Alemagna. Questo
articolo sarà da me rischiarato nel Cap. IV. di
questa Istoria, quando tratterò della teoria dei
fuochi dell' Etna, quantunque l'osservazione rap-
portata da Strabone ha risposto molto bene a que-
sta difficoltà.

(2) *Il Conte di Buffon seguendo Borelli crede*
che il fuoco dell' Etna non ha per sede che la
sommità e non mai l'interno del Vulcano. Questa
opinione quanto sia in se stessa mal fondata si
può ricavare dalla ragione che indusse Buffon ad
abbracciarla e che trovasi nel tomo 2. artic. XVI.
della sua teoria della terra. « *En* 1669 *dans*
» *une furieuse éruption de l'Etna qui commença le*
» 11 *mars, le sommet de la montagne baissa con-*

» sidérablement, comme tous ceux qui avoient vû
» cette montagne avant cette éruption, s'en aper-
» curent..» Voyez Trans.Phil. abr.vol.ii.pag.387:
» ce qui prouve que le feu du volcan vient plu-
» tot du sommet que de la profondeur interieure
» de la montagne. Borelli est du même sentiment,
» et il dit précisément que le feu des volcans
» ne vient pas du centre ni du pied de la mon-
» tagne, mais qu'au contraire il sort du som-
» met et ne s'allume qu'à une trés-petite profon-
» deur. » Ma chi non sa che l'abbassamento del-
l'Etna di cui parla Buffon, e che del pari avvenne nell'anno 1179, 1329, e nella eruzione
del 1444, e dovuto al precipizio del cono superiore del Monte dentro del cratere, e che questo
fenomeno altro non indica se non che le scosse
del Vulcano, quando speciálmente i fuochi interni
si aprono una via nel grande cratere, si com-
municano sino al vertice, e che quindi lo deter-
minano a crollare? Che il fatto e tale quale da
me rapportasi, cioè che l'abbassamento dell'Etna
dell'anno 1669 fu dovuto al precipizio del cono
del Monte dentro del cratere per cui da tre miglia si ridusse a sei, rapportasi da Borelli: Hi-
m

storia et meteorologia incendii Ætnæi anni 1669
*pag.*22, 23. *Or come da questo dirupamento del
cono dell'Etna possa ricavarsene la teoria della
sede superficiale de' suoi fuochi io non bene il
comprendo. Mi pare, se male non mi appongo,
che non perchè le scosse del Vulcano si commu-
nicano sino alla sommità, e ne obbligano il ro-
vesciamento, per altro di una congerie di scorie
e di arena prive di coesione, si è in diritto di
stabilire colassu la sede de'suoi fuochi: imperocchè, egualmente in luoghi distanti dal Monte,
come nelle estremità della Sicilia le sue scosse
estendendosi, come Buffon stesso ne conviene (op.
cit. pag. 329. Paris 1752), e la rovina produ-
cendo di grandi città si è quindi egualmente in
diritto di stabilire la sede de'fuochi dell'Etna in
parti remote e lontane dal suo cratere.*

*Ma lasciando da parte tali considerazioni si
rifletta, che l'Etna in un'epoca anteriore alla
prima sua eruzione, in cui le materie che attualmente lo formano racchiuse erano nelle viscere
della terra, l'Etna dico in quest'epoca avea cer-
tamente il centro de' suoi fuochi sotto del suolo
da cui sbocciò. Or questo suolo fu o l'antico*

oceano, quando il Vulcano nacque pria della com-
parsa dell'isola, come e mia opinione, oppure il
suolo dell'isola istessa su del quale esso alza l'immensa sua mole. Nell'una o nell'altra di queste
supposizioni egli è certo che la sede de'suoi fuochi esser non potè nessuna delle sue parti emi-
nenti, nè l'attuale cratere, nè qualunque altro
luogo superiore al piano che lo vide nascere.

Inoltre, questa opinione di Buffon è stata,
sotto altre vedute, attaccata dall'ottimo osservatore Cav. Hamilton, il quale, dopo di avere tra-
scritto la relazione di Pietro di Toledo della formazione di Monte nuovo avvenuta nell'anno 1538
così prosiegue: « Ces details vous donnent la
» preuve d'une montagne considerable dans sa
» hauteur et ses autres dimensions, formée dans
» une plaine par une simple explosion dans l'espa-
» ce de 48 heures. Les tremblemens de terres
» s'etant fait sentir fortement à una grande di-
» stance du lieu ou se firent les ouvertures, prou-
» vent clairement que le feu souterrain etoit à
» une grande profondeur au-dessous de la surface
» de la plaine. Il est également clair que ces
» tremblemens de terre, et l'explosion provenoient

» de la même cause, les premiers ayant cessè lor-
» sque celle-ci commença. Ce fait ne contradit-il
» pas evidemment le sistême de M. de Buffon,
» et de tous les naturalistes qui ont placè le siege
» du feu des Volcans vers le centre ou piés du
» sommet des montagnes, qu'ils supposent avoir
» fourni les matieres lancées dans les eruptions?
» Si ces matieres naissoient d'une profondeur aussi
» peu considerable que ces messieurs l'imaginent,
» la partie de la montagne située au-dessus de
» ce qu'ils pretendent être la siege du feu, seroit
» necessairement detruite, ou dissipée en trés peu
» de temps : au contraire, une eruption ajoute
» ordinairement à la hauteur et a la masse d'un
» vulcain (Campi Phlegrei pag. 77, 78). Ma a
questo naturalista non solo la teoria del Plinio
della Francia non piacque, ma neppure è andata
a genio ad altri piu dotti e profondi geologisti.
L'esattissimo Hall non solo la rigetta come fal-
sa, ma dice che per la sola ingoranza di fatti
è stata ammessa. « Plusieurs auteurs, egli dice,
» (sans doute par ignorance des faits) ont pré-
» tendu que le feu de l'Etna et celui du Vesuve
» étoit purement superficiel. Mais la profondeur

« *de son action est assez prouvée par la grande*
» *distance à la quelle les secousses éruptives se*
» *font sentir, et mieux ancore par les substan-*
» *ces qui sont lancées dans certaines eruptions*
» *du Vésuve sans avoir été altérées par le feu.*
» *Quelques-unes, telles que le marbre et le gypse,*
» *ne pourroient résister, en liberté, à l'action du*
» *feu. On y trouve aussi du granite, du schiste,*
» *du gneiss, et des pierres de toutes les classes*
» *connues, et d'autres qu'on n'a jamais vues à*
» *la surface du globe. La circonstance de l'émis-*
» *sion de ces pierres hors de la bouche du vol-*
» *can, sans qu'elles aient été attaquées par le*
» *feu, prouve qu'il procède d'un foyer non-seu-*
» *lement au niveau de leurs couches naturelles,*
» *mais beaucoup plus profond qu'elles: et comme*
» *on trouve, dans ces matières vomies des échan-*
» *tillons de toutes les substances minérales dont*
» *nous prétendons expliquer la formation, nous*
» *n'avons pas à nous inquieter davantage de la*
» *profondeur du feu Vésuvien qui dépasse le ter-*
» *me de nos speculations.* » (Description d'une
suite d'experiences qui montrent comment la
compression peut modifier l'action de la Cha-

leur, trad. par Piclet *pag.*198, 199).

Così abbattuta la teoria dell'esistenza superficiale de' fuochi vulcanici, e dimostrato per certo
ch'essi hanno la loro sede nell'interno della terra
molto al di sotto del piano d'onde s'innalzano,
manca interamente la ragione di assegnare a'vulcani il potere di generare i piccioli tremuoti come fece Buffon, immaginando altre pretese differenti cause per rendere ragione della produzione de'tremuoti che a delle grandi distanze
fanno sentirsi. Ma queste cause differenti produttrici di questi tremuoti chi il crederebbe, che
bene esaminate sono le stesse cause produttrici
della prima spezie di tremuoti? Chi non vede,
infatti, nella infiammazione delle piriti per mezzo
dell'acqua (da cui secondo Buffon si svolge l'aere
generatore de'movimenti del suolo. Teoria della
terra pag.331) de'vulcani in azione racchiusi nelle
viscere della terra, ed in quella situazione in cui
tutti i vulcani del mondo si sono ritrovati pria
di aprirsi una via nella superficie di essa? Ed
ecco che sempre alla sola azione de'vulcani si
deggiono attribuire i tremuoti di qualunque spezie ed intensità. Ma su questo articolo basti sin

quì, avendone a lungo ragionato nella nota I.

(3) *Non credo che possa mettersi in dubbio
l'osservazione esposta che i fuochi produttori di
questa eruzione sieno stati i generatori del tremuoto del mese Ottobre dell'anno* 1817, *del* 20
Febbrajo 1818 *e de'susseguenti, e che quindi sin
da quell'epoca esistevano in azione. Lasciando
di considerarsi perchè cade facilmente in pensie-
ro, che vera essendo la esposta teoria de' tremuoti
(vedi nota* I.), *tostocchè tremuoto avvi, può con
certezza conchiudersi della esistenza di focolare
vulcanico in azione, e che allorquando quelli pro-
sieguono a farsi interpolatamente sentire si è in
diritto di considerar quest'ultimo in azion per-
manente senza supporne un altro in nuova energia, ed il primo focolare generatore del primo
tremuoto già estinto; lasciando dico queste riflessioni che molto plausibile da per loro stesse
la mia osservazione rendono, la ispezione sola
de'luoghi dal tremuoto del dì* 20 *Febbrajo* 1818
*danneggiati, e del luogo ove scoppiò la eruzio-
ne che ci occupa, rende non che probabile ma
certissimo di essere stati questi fuochi i genera-*

*tori de'succennati tremuoti. Ed in vero, tirandosi
una linea dalla Sciara del Filosofo, uno de'punti
ove il Vulcano si aprì in questa eruzione, al Nord
sino a Randazzo, e dalla contrada di Giannicóla
luogo del secondo cratere verso il Sud sino a Catania, si avrà progredendo, da Catania al Sud-
Est, al Nord-Est sino al Nord, che vale quanto
dire tirando una curva da Catania e facendola
scorrere sopra la Trezza, Aci Reale, Riposto, Pie-
monte, Linguagrossa, Mojo, Randazzo, si avrà
in questa sezione del Monte la parte più dan-
neggiata dal tremuoto del 20 Febbrajo 1818. Or
la contrada di Giannicóla e la Sciara del Filosofo non solo guardano l'Est ove il tremuoto del
20 Febbrajo esercitò la maggiore azione, ma per
così dire, dominano la suddescritta sezione del
Monte. Inoltre, i luoghi ove il tremuoto del 20
Febbrajo produsse i danni maggiori sono indu-
bitatamente i più prossimi al luogo della eruzione di quest'anno. La Zafarana villaggio il più
vicino a' nuovi crateri ne riportò danni notabilissimi, e le case di campagna delle vicine contrade come della Rocca delle Api, Pisano ec.
crollarono quasi tutte. Ne giova l'opporre che*

alcune contrade lontane come Aci Catena, Ma-
scalucia ec. soffersero de'sommi danni; imperoc-
chè essi alla natura del suolo possono attribuirsi,
come costa dalle osservazioni del Commendatore
di Dolomieu fatte in Calabria nella occasione del
tremuoto del 1783.

(4) *La sera del giorno 1 Luglio verso le ore*
cinque d'Italia fuvvi un tremuoto quì in Catania
che bastantemente forte si estese sino all'interno
dell' isola. Il terrore che un tale avvenimento
suole produrre non mi fece pensare al momento
che scoppiò di visitare il Vulcano: lo feci però
dopo 20 minuti, e lo vidi nella solita calma.
Inclino quindi a pensare ch'esso sia stato pro-
dotto dall' azione di un nuovo interno focolare.

Che il tremuoto del giorno 1 Luglio sia stato
prodotto dall'azione di un nuovo interno focolare
e non mai da'fuochi dell'attuale incendio, e stato
confermato dal tremuoto della sera del dì 26 A-
gosto di quest'anno, che bastantemente forte si
fece sentire in Aci Reale, e ne'luoghi vicini, e
che leggermente si estese sino a Catania, in un
tempo in cui l'incendio che ci occupa era estinto.

n

(5) *Il passaggio delle lave allo stato di os-*
sido di alluminio verificasi non che nelle lave
dell'Etna, ma in quelle degli altri vulcani, e la
Solfatara ne presenta un esempio notabilissimo.
Or come gli altri ossidi metallici ch'entrano nella
composizione delle lave, e che tante volte vi pre-
dominano, possono siffattamente essere alterati è
un fenomeno degno di tutta l'attenzione. La Chi-
mica, dietro le grandiose scoverte di Davy sulla
natura delle terre, giugnerà forse un giorno alla
soluzione di questo e di altri piu reconditi ar-
cani della natura. Chi sa se le terre che sono
degli ossidi metallici differiscano fra di loro, non
gia nella varia natura del loro radicale metal-
lico come attualmente credesi, ma forse nel gra-
do di ossidazione di un solo ed identico metallo,
e che quindi in virtu dell'azione degli ossici, e
di altre sostanze ossigenanti possano convertirsi
le une nelle altre mercè la sola addizione o de-
trazione di ossigeno. Quello che rende probabile
questa mia conghiettura si e, non solo la suc-
cennata alterazione delle lave, ma quella altresì
che soffre l'ossido di silicio, ossia la silice, che
forma il vetro, nella sua così detta iridazione:

in questo stato, il vetro e talmente alterato che attaccabile osservasi facilissimamente non che dall' acciajo, ma dalle ugna, ed osservate in tale stato le sue molecole o col microscopio o con una lente a delle laminette di mica vario-colorata rassomigliano. Questa alterazione, a mio credere, può forse derivare da un'ossidazione, o deossidazione dell'ossido stesso di silicio che formava il vetro, prodotta dagli agenti che ritrovansi in suo contatto sotterra. Vi sarebbero da farsi su di questo oggetto varie interessanti sperienze analitiche, per scoprire se il vetro così iridato siasi ridotto in ossidi di altra natura, da cui il cambiamento delle sue proprietà potrebbe ripetersi.

(6) Si vede ch'io quì inclino molto ad abbracciare la teoria geologica di Hutton resa molto verosimile dalle sperienze originali del celebre Hall. Il lettore può consultare con profitto l'opera succennata: Description d'un suite d'experiences qui montrent comment la compression peut modifier l'action de la chaleur — trad. par Pictet. Geneve 1807.

(7) *Quì i Signori Redattori della Biblioteca
Italiana faranno le loro meraviglie, e forse met-
teranno in dubbio le mie osservazioni sulla temperatura delle lave, per essersi spiegati* (Biblioteca Italiana num. 32. Settemb. 1818 pag. 335)
*che in Catania mancano dall'intutto gli Stromenti
fisici e meteorologici. Ma quì onor di patria
mi obbliga a domandare a'Signori Giornalisti
come e da chi ricavarono una tal nuova? Forse
alcune espressioni della Memoria del Prof. Longo
sul tremuoto del 20 Febbraro loro ne hanno som-
ministrato il motivo? Ma il Professore Longo non
asserisce che nel nostro paese mancano dall'intutto gli stromenti fisici e meteorologici, ne dirlo
poteva come francamente l'asseriscono i Signori
Giornalisti, ma diee soltanto che quelli dell'Universita erano imperfetti. Or lasciando da parte,
che quest'asserta imperfezione prova che non ne
eravamo dall'intutto privi, come tirarne poi una
conseguenza tanto generale? Quali sieno stati i
motivi che indussero il Prof. Longo a lagnarsi
degli Strumenti dell'Università io non saprei dirlo:
dico sì che i Signori Compilatori della Biblioteca Italiana saper doveano dalle relazioni de'mi-*

gliori viaggiatori di tutte le nazioni, e specialmente dell'immortale Spallanzani, che Catania è
il paese della Sicilia il piu dovizioso in letterarj
stabilimenti, che su di questo oggetto puo con-
tendere con le principali città d'Italia, perchè
esistono ivi i Gabinetti del Sig. Principe di Bi-
scàri, de' PP. Benedettini, e del celebre Cav:
G. Gioeni Professore di Storia Naturale nella
nostra Università, onore ed ornamento non che nostro ma dell'Italia tutta: gabinetto pregevole non
solo per la doviziosa raccolta degli oggetti di ogni
ramo di Storia Naturale, e spezialmente Sicola,
ma del pari per le macchine fisiche di eccellente
costruzione da esso acquistate oltremonti per mezzo del grande Commendatore Deodato di Dolomieu. In riguardo poi alla nostra Università
dico a'Signori Compilatori della Biblioteca Italiana, e voglio che sappiano, che in essa non
solo vi esistono degli strumenti fisici e meteorologici di ottima costruzione, ma tante macchine
fisico-chimiche quante ne sono necessarie per dimostrare annualmente alla gioventu studiosa le
verità principali di questa scienza, e che ivi si
sperimenta forse piu di quanto si fa in altre Uni-

versita più doviziose di macchine.

Dimanderei poi a'Signori Redattori della Bi-
blioteca, e saper vorrei cosa intendono insinuare
allorquando asseriscono che il Prof. Longo " ci
ha dato una descrizione di quel tremuoto tanto
compita quanto dar si poteva in un paese che
manca interamente di strumenti fisici e meteo-
rologici ,, (Bibliot. Ital. vol. cit.). Forse ch'essa
migliore riuscir poteva coll'ajuto di simili stru-
menti? Ma quale influenza aver possono nello
studio, e nella descrizione di un fenomeno la di
cui causa motrice esiste nelle viscere della terra
degli strumenti destinati soltanto a svelarci le
proprieta de'corpi che sono in nostro contatto,
ed avvertirci de'cangiamenti dell'atmosfera e dei
fluidi imponderabili che ivi si muovono?

INDICE

SPIEGAZIONE DELLE TAVOLE

TAV. I.

Veduta dell' Eruzione dell' Etna del mese Maggio 1819 presa dal Trifoglietto nel giorno 3 Giugno 1819.

A *Cratere della Sciara del Filosofo.*
B *Cratere di Giannicóla.*
C *Corso di lava.*
D *Trifoglietto.*

TAV. II.

Veduta dell'anzidetta Eruzione presa dalla Contrada delli Mortara nel giorno 3 Giug. 1819.

A *Cratere della Sciara del Filosofo.*
B *Contrada di Giannicóla.*
C *Torrente di lava che giunse nel piano di Calanna vicino la Contrada delli Mortara.*
D *Monte di Calanna.*
E *Contrada delli Mortara.*

Santo Ferro dirga

Corrado Marano fece

Tav. II.

Corrado Maranta disegnò e fece

Printed in the United States
By Bookmasters